HUNDE,

DIE DIE WELT VERÄNDERTEN

Für Gary, meinen Border Terrier

Hunde,

die die Welt veränderten

DAN JONES

50 berühmte Vierbeiner und
ihre Geschichten

Pattloch

Inhalt

Vorwort 6

Hachi 9
Der treueste Hund der Welt
JAPANISCHER AKITA

Mr. Famous 12
Audrey Hepburns Superhund
YORKSHIRE TERRIER

Pickles 14
Retter der Fußballweltmeisterschaft 1966
COLLIE

Gunther III. 16
Der Hunde-Multi-Millionär
DEUTSCHER SCHÄFERHUND

Bob 19
Der australische Zug-Hopper des 19. Jahrhunderts
COLLIE-MIX

Stanley & Boodgie 20
David Hockneys Mittel gegen Trauer
DACKEL

Laika 22
Der erste Hund im Weltall
HUSKY-SPITZ-MIX

Maurice 26
Andy Warhols Pop-Art-Idol
DACKEL

Teka 28
Die australische Lebensretterin
AUSTRALIAN CATTLE DOG

Señor Xolotl 31
Frida Kahlos wahre Muse
XOLOITZCUINTLE

Bodhi 32
Das Männermodenmodel
SHIBA INU

Tail 34
Eine bezaubernde, nicht-magische Legende
UNKLAR

Spicedogsss 36
Die putzigsten koreanischen Idols
PUDEL

Bummer & Lazarus 38
Die Schlingel, denen keiner böse sein kann
NEUFUNDLÄNDER & MISCHLING

Filou 40
Der pompöse Pudel von König Louis XIV.
PUDEL

Salty & Roselle 42
Die Blindenhunde vom 11. September
LABRADOR RETRIEVER

The Baskerville Hound 46
Sherlocks größter Widersacher
JAGDHUND

Neville Jacobs 48
Der fleißigste Hund der Modewelt
BULLTERRIER

Fips 50
Edvard Munchs Inspiration
FOXTERRIER

Baekgu 52
Der Jindo von Donji-ri, Südkorea
KOREA JINDO DOG

Marnie 54
Die erste Hunde-Influencerin
SHIH TZU

Rosy, Dora & Snowbear 56
Tilda Swintons preisgekrönte Springer Spaniel
SPRINGER SPANIEL

Mops 58
Marie Antoinettes erfundener Mops
MOPS

Zeus 60
Wahrlich die großartigste Deutsche Dogge
DEUTSCHE DOGGE

Kabosu 62
Das Symbol der Krypto-Währung
SHIBA INU

David, Billy & Colette 64
Radclyffe Hall und die Hunde der queeren Freude
BULLDOGGE

Tuna 68
Der Maßkrug-große Chiweenie, der die Herzen schmelzen lässt
CHIWEENIE

Swansea Jack 70
Der heldenhafte walisische Retter
SCHWARZER RETRIEVER

Big Boy Bamse 72
Der lebensrettende und seetüchtige Kriegsheld
BERNHARDINER

Buddy 74
Der erste Blindenhund der Welt
DEUTSCHER SCHÄFERHUND

Der kleine braune Hund 76
Der namenlose Streuner, der ein Symbol des Feminismus wurde
TERRIER

Cracker Jack 80
Dolly Partons geliebter Streuner
UNKLAR

Pinka 82
Virginia Woolfs hündische Muse
COCKER SPANIEL

Jofi 84
Sigmund Freuds Hunde-Psychologe
CHOW-CHOW

Little Miss Louboutina 86
Der Hund, der alle umarmt
GOLDEN RETRIEVER

Basket 88
Und die Hunde von Stein und Toklas
PUDEL

Rin Tin Tin 90
Der unsterbliche Superstar
DEUTSCHER SCHÄFERHUND

Fido 92
Italiens treuester kleiner Mischling
MISCHLING

Fox, Balto & Togo 94
Das Rennen gegen die Pandemie
SIBIRISCHER HUSKY

Big Barry 98
Der Held der Bergrettung
BERNHARDINER

Jello 102
Eine herzzerreißende wahre Geschichte
LABRADOR-MASTIFF-MIX

Snuppy 104
Der erste geklonte Hund
AFGHANE

Peps 106
Zugabe für Wagners hündischen Hilfskomponisten
CAVALIER KING CHARLES SPANIEL

Owney 108
Der Postbote auf vier Pfoten
TERRIER-MIX

Diamond 110
Sir Isaac Newtons Hund – ein wahrer Eigenbrötler
ZWERGSPITZ

Pecas 112
Der Drogenbaron, der zum Super-Schnüffler wurde
BEAGLE-MIX

Checkers 114
Nixons erster politischer Skandal
COCKER SPANIEL

Bobby 116
Eine fast wahre Geschichte
SKYE TERRIER

Stubby 118
Der amerikanische Kriegsheld und Sergeant
BOSTON TERRIER

Bierka 120
Und die wahre Geschichte der pawlowschen Hunde
MISCHLING

Über Dan Jones 124
Danksagung 125

VORWORT

Hunde sind zauberhaft. Sie sind die Freunde der Einsamen, Wegweiser für die Verlorenen, die Musen der Künstler und unangenehme Furzmaschinen für alle mit sozialen Ängsten. Sie haben große Werke der Kunst, Musik und Literatur inspiriert und schier unmögliche Strecken zurückgelegt, um wieder mit ihren Besitzern vereint zu sein. Andere haben Spione gestellt, Verbrechen verhindert und alte Liebschaften wiederbelebt, Ertrinkende ans rettende Ufer gezogen oder unglücklicherweise und mit viel Freude alles ins Chaos gestürzt.

Hunde trotten schon seit zehntausenden Jahren an unserer kollektiven Seite einher, eng verbunden mit der Geschichte der Menschheit. Angefangen mit unserer ersten zaghaften Begegnung mit dem grauen Wolf, hat die Domestikation durch jahrhundertelange clevere Züchtung den bescheidenen Hund aus seinen wilden Wurzeln hervorgebracht. Hunde sind zahmer und ruhiger als ihre Ahnen und haben zudem die Superkraft, menschliche Mimik zu lesen, Sprache zu verstehen und unsere Schuhe aufzuspüren, um sie bis zur Unkenntlichkeit zu zerkauen. Und da ihre Sinne immer bis auf Stufe 11 voll aufgedreht sind, fällt es ihnen schwer, ihre Impulse zu kontrollieren, sodass sie fast alles tun würden für einen angesabberten Tennisball, ein Stöckchen oder ein komisches getrocknetes Stück Knabber-Kuh.

Die 50 Geschichten in diesem Buch feiern die unzerbrechliche Beziehung mit unseren Hunden, den ersten gezähmten Tieren, und ihre verbissene Hartnäckigkeit, ihren Heldenmut und ihren endlosen Sinn für Humor. Unterwegs treffen wir den großknochigen Barry, einen kräftigen Bernhardiner, der im 19. Jahrhundert mehr als 40 vermisste Personen in den Schweizer Alpen gerettet hat. Wir entdecken Sigmund Freuds Ruhe ausstrahlenden Chow-Chow Jofi, der Beisitzer in Freuds Psychotherapiestunden war (und sich streng an die Schweigepflicht gehalten hat), und verlieben uns in den tragischen japanischen Nationalhelden Hachiko, berühmt dafür, am Bahnhof von Shibuya auf sein geliebtes Herrchen zu warten, bis er zu einer lieb gewonnenen lokalen und nationalen Berühmtheit wurde.

Dolly Parton schrieb eine herzzerreißende Ode an ihren Kindheitshund Crackerjack und Sir Isaac Newtons kleine Terror-Hündin

Diamond hat sich ihre eigene Rolle in der Geschichte ausgesucht, indem sie scheinbar eine Kerze umgeworfen und die wichtigsten Aufzeichnungen des Physikers zerstört hat. Beglückwünschen wir die drei geliebten Springer Spaniel der ikonischen Schauspielerin und Regisseurin Tilda Swinton, die bei den Filmfestspielen von Cannes den *Palm Dog Award* gewonnen haben, und tauchen wir ein in die Lebensgeschichte von Laika, dem intergalaktischen Weltraumhund.

Auch wenn sich die meisten Hundegeschichten im Kern um Liebe und Sehnsucht drehen, haben wir unsere pelzigen Freunde nicht immer mit dem gebührenden Respekt behandelt und manche Heldentaten hatten einen hohen Preis. So einige Hunde waren der Dreh- und Angelpunkt unserer Geschichte (ob sie wollten oder nicht) und haben dadurch leidenschaftliche Tierschutzbewegungen losgetreten oder uns dabei geholfen, unsere eigenen Eigenschaften zu verstehen und zu überdenken.

Hunde werden dich zwar frustrieren, verwirren und dir verdächtige Geschenke an unerwarteten Orten hinterlassen, aber wenn diese Geschichten eine Sache beweisen, dann dass Hunde unsere Welt bereichern. Sie verändern den Alltag derer, die unter Sinnesverlust oder Neurodiversität leiden, indem sie Schutz, Trost und Führung anbieten. Sie sind eine endlose Quelle der Liebe und Gesellschaft für diejenigen, die dies am meisten brauchen. Sie würden für uns bis ans Ende der Welt gehen und stellen unser Leben mitunter auf den Kopf, wenn wir sie lassen. Wie ich schon sagte, Hunde sind zauberhaft. Wir werden nun einige dieser beeindruckenden Exemplare kennenlernen.

Nr. 1

HACHI

DER TREUESTE HUND DER WELT

JAPANISCHER AKITA

Zunächst war da das langsame und traurige *Bing-Bong* der Zugangsschranken am Bahnhof von Shibuya, dann eine andere Geräuschkulisse: die sich überlagernden digitalen Stimmen der Fahrkartenautomaten, die Gesprächsfetzen der Pendler und Touristen und das Tuckern des Verkehrs. Schaut man hinüber zum äußersten Ende eines Platzes, auf dem Bäume und Menschen stehen und der erhellt wird von Fernsehbildschirmen, dann sieht man ihn: Vor der Alle-Gehen-Kreuzung (*Scramble Crossing*) von Shibuya sitzt der berühmteste und meistgeliebte Hund Japans.

Auf einem einfachen Steinsockel steht die Bronzestatue eines Hundes namens Hachiko, ein reinrassiger Akita. Das Areal, heute bekannt als *Hachiko Square*, ist einer der geschäftigsten und bekanntesten Treffpunkte im Herzen Tokyos. Normalerweise findet man immer eine kleine Menschenmenge bei Hachiko, die Selfies schießt und ihre Kinder hochhebt, damit sie seine Pfote berühren können, die mittlerweile glattgeschliffen ist (die Statue steht hier seit 1948, gefertigt nach dem 1934 aufgestellten Original).

Nur einen Ballwurf weit entfernt vom Ausgang ist es der perfekte Ort für Hachiko, dessen Geschichte von Liebe, Treue und Verlust die Japaner seit Jahrzehnten begeistert. Triggerwarnung: Sie ist herzzerreißend.

Hachiko war nicht immer ein Stadthund und sein Name war auch nicht schon immer Hachiko. Er wurde bei Herrn Giichi Saito in Oshinai, Odate, während einer besonders kalten Dezembernacht im Jahr 1923 geboren. Hachikos Mutter Goma (was »Sesam« bedeutet) lebte mit ihrem Besitzer Saito in der Präfektur Akita und Hachikos Vater war ein gutaussehender Akita namens Oshinai.

Dr. Hidesaburo Ueno war ein Wissenschaftler an der Kaiserlichen Universität von Tokyo. Er liebte die großen, wilden und vornehmen Akita Inus (übersetzt »Akita Hunde«), konnte aber kein perfektes Exemplar der Rasse finden. Einer seiner Studenten erzählte ihm von einem Wurf in Odate und als Ueno die Welpen sah, war er hin und weg. Der neugeborene Welpe wurde ihm für 30 ¥ verkauft (eine ziemlich große Summe zur damaligen Zeit) und nachdem sein neuer Hund alt genug geworden war, machten sich der Wissenschaftler und der bullige Welpe im folgenden Januar mit dem Zug auf den Rückweg nach Tokyo. Während der 20-stündigen Fahrt geschah etwas Wundervolles: Die beiden verliebten sich ineinander. Ueno taufte den Welpen »Hachi«, japanisch für die Nummer acht, was in Japan eine Glückszahl ist (das »-ko« kam erst später hinzu).

Wie Hachi selbst wuchs die Verbindung zwischen den beiden schnell und stark. Sie verbrachten all ihre Zeit miteinander – Hachi bestand sogar darauf, Ueno jeden Morgen zum Bahnhof von Shibuya zu begleiten, und wartete dort den ganzen Tag, bis sein geliebtes Herrchen am Abend zurückkam.

Akitas sind eine sehr intelligente, freundliche, muskulöse und großknochige Rasse, bekannt für ihren ausgeprägten Wachtrieb. Sie blühen in der Gesellschaft ihrer Menschen auf und beschützen die, die sie lieben.

Als Hachi sechs Monate alt war, änderte sich alles. Dr. Ueno verabschiedete sich von Hachi (der ihm wie immer zum Bahnhof gefolgt war), stieg in seinen morgendlichen Zug und fuhr zu seiner Arbeitsstätte. Doch dieses Mal kam Ueno nicht mehr nach Hause. Traurigerweise hatte er in der Universität einen Schlaganfall erlitten und war plötzlich verstorben.

Hachi und Ueno waren fünf Monate lang beisammen gewesen.

Hachi wartete und wartete, aber Ueno kam nie mehr zurück. Nach der Beerdigung brachten Uenos Freunde Hachi in ein neues Zuhause, das ein paar Kilometer entfernt lag, doch er rannte davon und wurde unerklärlicherweise am Bahnhof von Shibuya gefunden. Schließlich nahm ihn ein weiterer von Uenos Freunden, sein ehemaliger Gärtner Kikuzaburo Kobayashi, bei sich auf. Er lebte in der Nähe des Shibuya-Bahnhofs und wusste, dass dies Hachis Kummer lindern

würde. Jede Nacht nach dem Abendessen kehrte Hachi zu Uebos altem Hause zurück und nachdem er ihn dort nicht fand, lief er hinüber zum Bahnhof von Shibuya im verzweifelten Versuch, einen Blick auf den zurückkehrenden Uebo zu erhaschen. Nichts konnte ihn davon abhalten. Tatsächlich wartete Hachi geduldig jeden einzelnen Tag auf Uebo – trotz Hitze, Regen, Schnee und Eis – fast zehn Jahre lang.

Zunächst wunderten sich die Pendler von Shibuya. Wer war dieser gigantische, bärengleiche Hund? Und warum saß er jeden einzelnen Tag vor den Ticketschaltern? Andere waren genervt. Sie versuchten, ihn zu verjagen, und es gibt Geschichten darüber, wie Hachi misshandelt wurde. Doch Ueno kam nie nach Hause.

Im Laufe der Jahre verbreitete sich Hachis Geschichte. Die Bahnhofsangestellten passten auf ihn auf, die Pendler fütterten ihn gelegentlich und im Jahr 1932 hörte auch Hirokichi Saito von der *Nihon Ken Hokonzai* (der Vereinigung zur Erhaltung der japanischen Hunde) von ihm. Er schrieb einen Artikel über Hachi in der Zeitung »Asahi Shimbun« und die Geschichte ging viral. Die Leser verliebten sich in den schicksalsgeplagten Akita und er wurde schnell zur nationalen Ikone. Bekannt wurde er als Hachiko, wobei das »-ko« seine Hingabe und Treue ausdrücken sollte.

Tatsächlich war Hachiko 1934 sogar als Ehrengast bei der Enthüllung seiner Statue dabei und genoss die Aufmerksamkeit und den Ruhm, den der Celebrity-Status in Form von zahlreichen Leckerchen und Streicheleinheiten mit sich brachte. Aber was er wirklich wollte, war, Ueno wiederzusehen.

Nachdem er fast ein Jahrzehnt auf Ueno gewartet hatte, verstarb Hachi schließlich im Jahr 1934. Er wurde in Statuen und Monumenten verewigt – die neueste wurde 2015 auf dem nahe gelegenen Universitätscampus errichtet –, es gibt Bücher über ihn, ein Museum und Filme. Er wurde in der Nähe von Ueno im Park des Aoyama-Friedhofs begraben, so sind sie am Ende doch wieder vereint.

Wenn du je am lauten und grellen Bahnhof von Shibuya auf einen geliebten Menschen wartest, dann denk daran, dem treuesten Hund der Welt deinen Respekt zu erweisen.

Nr. 2

MR. FAMOUS

AUDREY HEPBURNS SUPERHUND

YORKSHIRE TERRIER

Darf ich vorstellen: Mr. Famous, der sanftmütige Yorkshire Terrier, geliebter Hund von Audrey Hepburn und Hollywood-Star. Hepburns Liebe zu Mr. Famous kannte kaum Grenzen. Sie nahm ihn überall hin mit, von Magazin-Cover-Shootings zu Promi-Partys. Außerdem war er ihr ständiger Begleiter an den Filmsets, der brav im Fahrradkorb saß, wenn sie zwischen den Aufnahmen auf dem Filmgelände in die Pedale trat. Er spielte sogar 1957 an ihrer Seite im Film »Ein süßer Fratz« mit, in einer Szene, die heute als »Anna Karenina«-Zug-Aufnahme bekannt ist. Dadurch wurde er genauso Teil ihres ikonischen Looks wie ihre Garderobe aus »Ein süßer Fratz«, welche exklusiv von Hubert de Givenchy entworfen worden war. Der Film und Hepburn selbst hatten einen großen Einfluss auf den Stil der späten 1950er- und frühen 1960er-Jahre, in denen Hollywood-Stars und Hepburn-Fans gleichermaßen versuchten, ihren Modestil zu imitieren. Wahrscheinlich war dies auch der Grund dafür, dass Yorkies ein fester Bestandteil der Promi-Kultur wurden.

Yorkshire Terrier sind eine der kleinsten und mit ihrem langen feinen Fell wohl auch putzigsten Hunderassen. Entstanden im 19. Jahrhundert in Yorkshire, Großbritannien, sind es fröhliche, verspielte Hunde, die oft unter Trennungsangst leiden. Zwar wirkt der Terrier in den Armen seiner Besitzer am glücklichsten, doch wenn man ihm auch beibringt, selbstständig zu sein, und ihn nicht zu sehr verhätschelt, dann hat man einen entspannten und selbstbewussten Hund.

Mr. Famous war nicht die einzige Hundeliebe in Hepburns Leben. Sie hatte ein ganzes Rudel Jack Russel Terrier (Missy, Tuppy, Penny, Piceri und Jackie), einen Boxer und sie war eine unerschrockene Pudel-Liebhaberin, die in »Sabrina« flankiert von einem Paar äußerst königlicher Pudel auftrat. Ihr Star war jedoch ihr geliebter Mr. Famous.

Nr. 3

PICKLES

RETTER DER FUSSBALLWELTMEISTERSCHAFT 1966

Während der Vorbereitungen der Fußballweltmeisterschaft von 1966 wurde der glanzvolle Preis – der Jules Rimet-Pokal – aus einer Ausstellung in der Londoner *Central Hall* in Westminster gestohlen. Kurz darauf ging ein Erpresserbrief ein (mit der abnehmbaren Schüssel des Pokals als Beweis), in dem die Diebe 15.000 £ in unmarkierten Geldscheinen forderten. Der Vorfall machte überall auf der Welt Schlagzeilen und da die Fußballweltmeisterschaft nur wenige Wochen später beginnen sollte, war der Fußballverband außer sich. Ein Undercover-Polizist arrangierte mit dem Dieb eine Übergabe (bei der Altpapier statt echtem Geld verwendet wurde), doch diese ging gründlich schief und obwohl die Polizei sich sicher war, den Täter gefasst zu haben, blieb der Pokal selbst verschollen. Doch dann geschah etwas ziemlich Wunderbares.

Pickles, ein kleiner schwarz-weißer Collie, der keine Ahnung hatte, welche tragende Rolle er in den internationalen Beziehungen spielen würde, machte sich zu seinem morgendlichen Gassi auf. Beim Schnüffeln unter einem Busch in West Norwood, London, fand er ein Päckchen, das mit Zeitungspapier und einer Schnur umwickelt war. Darin? Der Pokal.

Pickles wurde zum Star, sein Name war überall auf der Welt bekannt und seine Heldentat verhalf ihm sogar zu einer kurzen, aber eindrucksvollen, Filmkarriere. England gewann schließlich nach einem dramatischen Spiel gegen Deutschland seinen ersten (und einzigen) Weltmeister-Titel und der Pokal – überreicht von Ihrer Königlichen Hoheit Königin Elizabeth II. – konnte schlussendlich vom Teamkapitän Bobby Moore in Händen gehalten werden, teilweise dank Pickles.

Nr. 4

GUNTHER III

DER HUNDE-MULTI-MILLIONÄR

Ein hübscher deutscher Schäferhund, eine stinkreiche Gräfin, ein Multi-Millionen-Dollar-Vermögen und eine mysteriöse Gruppe, die sich »Die Burgunder« nennen: Es ist eine Geschichte, die Dan Brown auf seiner goldenen Schreibmaschine getippt haben könnte. Die Sage der deutschen Gräfin und Multi-Millionärin Karlotta Leibenstein, verstorben 1992, ist in Hunde-Kreisen legendär. Dass Karlotta ihr beträchtliches Vermögen ihrem geliebten deutschen Schäferhund Gunther III. vermacht haben soll, inspiriert Kolumnisten schon seit Jahrzehnten. Mit mehr als 50 Millionen Dollar auf dem Konto gehören Gunther und seine Erben scheinbar zur Oberschicht der superreichen Hunde, denen Unmengen von Vermögenswerten hinterlassen werden.

Mit einem ganzen Portfolio an italienischen Investoren, bekannt als »Die Burgunder«, vermehrte sich Gunthers Vermögen – und das seiner Erben – durch kluge Investitionen zu hunderten Millionen Dollar. Tatsächlich belegen unzählige Artikel, dass der Deutsche Schäferhund Limo-Fahrten genoss und überall auf der Welt Villen besaß, darunter eine, die zuvor Madonna gehört hatte. Er hatte sogar eine eigene regionale italienische Fußballmannschaft.

Aber wie in den besten Pageturnern von Dan Brown gibt es auch in dieser Geschichte einen Plot-Twist. Im November 2021 löschte die »Associated Press« ihr oft geklicktes Gunther-Profil und deckte auf, dass es sich um eine Falschmeldung handelte. Tatsächlich hatte dies bereits 2005 ein obskurer Artikel bewiesen: Es gab weder eine Karlotta noch eine geheimnisvolle Inverstorengruppe. Und Gunther war nur ein normaler, wenn auch unnormal schöner, Deutscher Schäferhund, der vielleicht oder vielleicht auch nicht dafür angeheuert wurde zu posieren. Eventuell sogar als Werbegag, um das ein oder andere Haus zu verkaufen.

Wie Gunthers Legende sich ungeprüft über so viele Jahre hinweg hat halten können, ist ein Mysterium. Obwohl es nicht ungewöhnlich ist, dass Hunde im Testament ihrer Herrchen erwähnt werden, ist es selten, dass sie eine so hohe Summe erben. Aber die Idee, dass eine Person alles für ihren Hund tut, ihm sogar ein Vermögen hinterlässt, ist leicht zu glauben.

DEUTSCHER
SCHÄFERHUND

Nr. 5

BOB

DER AUSTRALISCHE ZUG-HOPPER DES 19. JAHRHUNDERTS

Bob, ein niedlicher Collie-Mix, wurde in den frühen 1880ern im Süden Australiens geboren. Im Teenager-Alter war er ein Ausreißer, der sich einer benachbarten Gruppe von Schienenlegern anschloss und im Alter von nur neun Monaten von zu Hause weglief. Bob wurde von William Ferry adoptiert, der als stellvertretender Bahnhofsvorsteher an der Haltestation Petersburg (heute bekannt als Peterborough) arbeitete. Als Streuner aufgenommen und als Wachhund eingestellt, fand Bob schließlich seinen Weg in einen vorbeifahrenden Zug.

Damit begann Bobs Leben als Vollzeit-Tramper. Er lebte in den Lokomotiven und machte es sich in den Kohlelagern nahe bei seinen Lieblings-Schaffnern gemütlich. Bob – liebenswert und freundlich wie er war – faszinierte schnell Ingenieure, Zugführer und Passagiere gleichermaßen, wodurch der junge Mischling in kurzer Zeit zu einer Art nationalem Promi wurde. Das Trampen, vor allem mit Zügen, ist nicht leicht und Bob überstand mehrere Unfälle, bis er erfolgreich gelernt hatte, von einem fahrenden Zug in den nächsten zu springen. Er reiste tausende Meilen durch Australien und bellte dabei sich ungebührlich verhaltende Fahrgäste an, um sie in Schach zu halten. 1895 wurde er weltweit bekannt durch einen Artikel in der britischen Zeitschrift »The Spectator«. Als er 1897 starb, war er als König der Außenseiter bekannt und wurde mit einer Statue in Peterborough geehrt, die bis zum heutigen Tag dort besichtigt werden kann.

Nr. 6

STANLEY & BOODGIE

DAVID HOCKNEYS MITTEL GEGEN TRAUER

Es dreht sich viel um die Liebe, die ein Hund in das Leben seiner Menschen bringen kann, und viele Künstler, Schriftsteller und andere kreative Köpfe haben sich von dieser besonderen Verbindung inspirieren lassen. Nicht zuletzt David Hockney, der bebrillte britische Maler, der bekannt ist für seine jahrzehntelange Arbeit an verwackelten Landschaften, herrlich pastellfarbenen Schwimmbecken in L.A. und seine kreative Hommage an Stanley und Boodgie, Hockneys geliebte Dackel.

Im Jahr 1995 veranstaltete David Hockney eine Ausstellung in Großbritannien mit dem Titel »Dog Days« (»Hundetage«), für die er 45 Gemälde seiner zwei kleinen Würstchen-Hunde an den Wänden der Salzmühle in seiner Heimat in Yorkshire anbrachte. Stanley und Boodgie waren Hockneys sehr geschätzte Begleiter und die Ausstellung – in drei Monaten auf Staffeleien entstanden, die Hockney um sein Haus herum aufgestellt hatte – ist ein Liebesbrief an die schlafenden, schnüffelnden und pupsenden Hunde.

Aus Gründen, die nur sie selbst kennen, lieben Künstler Dackel. Warhol hatte Archie (er nahm ihn überall hin mit) und Picasso hatte Lump. Hockney war nie weit von Stanley und Boodgie entfernt, die mit ihm in L.A. lebten und im Hundepark der Hollywood Hills verkehrten. Mitte der 1990er, auf dem Höhepunkt der AIDS-Epidemie, verlor Hockney tragischerweise zwei Drittel seiner Amerikanischen Freunde an die Krankheit, darunter vier seiner engsten Vertrauten. Zusätzlich hatte der Künstler seine eigenen gesundheitlichen Herausforderungen: Sein Gehörsinn war seit den frühen 1980ern zunehmend schlechter geworden. Das beeinträchtigte seine Beschäftigung mit der Musik (eine weitere seiner Leidenschaften).

Sein künstlerischer Fokus auf Stanley und Boodgie könnte als bloße Eigenart abgetan werden, aber Hockney hatte etwas wahrlich Wunderbares und Gewichtiges herausgefunden: Hundeliebe hilft bei der Trauerbewältigung.

Nr. 7

LAIKA

DER ERSTE HUND IM WELTALL

Laika ist der intergalaktische Weltraumhund – das erste Lebewesen (soweit wir wissen), das die Erde umrundet hat, und die heroische Genossin, die der Sowjetunion dabei half, die Nase beim Wettlauf ins All weit, weit vorne zu haben. Sie hob am 3. November 1957 ab, passend zum 40. Jahrestag der Bolschewistischen Revolution am 7. November, und schwebte um die Erde.

In den 1950ern und 1960ern eroberte der Wettlauf ins All – ein ideologischer und politischer Wettkampf zwischen den USA und der Sowjetunion – beide Länder im Sturm. Premierminister Nikita Chruschtschow wies die sowjetischen Ingenieure direkt nach dem erfolgreichen Start des unbemannten Satelliten »Sputnik 1« an, ihr neues Projekt noch vor den Rivalen in die Lüfte zu befördern – und es sollte zudem eine Druckkabine beinhalten und möglichst nahe am Datum des verheißungsvollsten Tags der Sowjetunion startklar sein, was nur 32 Tage Entwicklungszeit ließ. Die Ingenieure wandten größte Mühe auf, um das Projekt rechtzeitig fertigzustellen, und schafften tatsächlich das Unmögliche: Sie konnten »Sputnik 2« pünktlich und mit dem Husky-Spitz-Mix Laika, einer Streunerin, an Bord zünden.

Monate zuvor waren Sowjetische Rekrutierer damit beauftragt worden, eine Gruppe weiblicher Straßenhunde in Moskau zusammenzutreiben. Moskau hatte schon lange eine Gemeinschaft freilebender Hunde. Sie werden seit dem 19. Jahrhundert in der russischen Literatur erwähnt: Anton Chekhov schrieb über sie und Mikhail Bulgakov, der Autor von »Der Meister und Margarita«, verewigte sie in seiner Novelle »Hundeherz«. Die Hunde haben sich gut an das moderne Leben angepasst und man findet sie oft in der Metro oder an Fußgängerüberwegen, wo sie sich sehr geschickt ihr Futter erbetteln. In den 1990ern wurden sie jedoch zum Problem, da es einfach zu viele gefährliche Auseinandersetzungen mit ihren menschlichen Nachbarn gab, aber in der heutigen Zeit

werden sie normalerweise eingefangen, kastriert und betreut.

Die Weltall-Hunde von 1957 unterliefen eine Art »Astronauten-Training«. Sie wurden in Druckumgebungen mit lauten Geräuschen getestet und ein unglaublich ruhiger und freundlicher Hund stach besonders heraus. Kudryavka (»Kleiner Lockenkopf«) wurde der Sowjetischen Nation im Radio vorgestellt und bellte ihren Gruß in den Äther, was ihr einen neuen Namen einbrachte: Laika (»Kläffer«). Vor ihrem Flug nahm Vladimir Yazdovsky, einer der Hundespezialisten, sie mit zu sich nach Hause, damit sie vor ihrem intergalaktischen Flug noch etwas Komfort genießen konnte. Und dann, am 3. November, hob sie von der Tyuratam Raketenstartbasis in der Republik Kasachstan aus ab und ging in die Geschichte ein.

Manche würden sich wünschen, dass die Geschichte hier endet, und für Laika tat sie das auch. Sie wurde ins Weltall geschickt ohne Hoffnung auf Rückkehr und ohne Hoffnung aufs Überleben und trotz der vielen Öffentlichkeitsarbeit mit Laika und ihrer Rolle beim Wettlauf ins All gab es ein Gefühl des Bedauerns, das den Nationalstolz trübte. Obwohl sie wirklich bahnbrechend war, zeigte diese intergalaktische Leistung auch die Doppelmoral, Hunde und andere Tiere für wissenschaftliche und medizinische Experimente zu missbrauchen. Für Laika und die anderen Hunde, die in das Raumprogramm gezwungen wurden, war das Training qualvoll. Es beinhaltete unter anderem tage- oder wochenlangen Aufenthalt in Druckkabinen. An Laika und ihrer Stellvertreterin Mushka waren außerdem operative Maßnahmen durchgeführt worden, um ihnen medizinische Überwachungsgeräte einzupflanzen.

Die Raumkapsel selbst war eng und heiß, Laika war ohne Zweifel hungrig (um Gewicht einzusparen, wurde nur eine Mahlzeit mit an Bord genommen) und sie wurde in einen Raumanzug gezwängt. Die USA schauten zu: Das amerikanische *National Air and Space Museum* meldete 2018 über das *Smithsonian Institute*, dass Laikas Herzschlag dreimal so schnell wie normal war (das Museum besitzt freigegebene Ausdrucke aus dieser Zeit), und auch ihre Atmung war unglaublich hektisch – sie hatte Todesangst. Auch wenn sie die Stille des Orbits lebend erreichte, ging das Hitzeschild verloren und die Temperatur in der Kapsel stieg unerbittlich. Das Sputnik-Team dachte, Laika würde innerhalb von sieben Tagen schmerzfrei an Sauerstoffmangel sterben, doch der kleine Hund, alleine in der Leere des Weltalls, umkreiste die Erde für gerade einmal 102 Minuten, bevor sie der Hitze erlag. Einer von Laikas Trainern, der russische Wissenschaftler und Soldat Oleg Gazenko, enthüllte 1993, dass Laika »kurz nach dem Start« gestorben war.

Laika war der erste, aber nicht der letzte Hund im Weltall und die Russen hatten bereits mehrere Hunde auf suborbitale Flüge geschickt. Der nächste Hundeflug in den Orbit, »Sputnik 5« im Jahr 1960, verlief ganz anders und es wurde keine Mühe gescheut, um die kleinen Terrier Beka (»Eichhörnchen«) und Strelka (»Kleiner Pfeil«) wieder zurück zur Erde zu holen. Zusammen mit einer Gruppe von Mäusen, Ratten und Fliegen verbrachten sie einen Tag im Weltall, bevor sie lebendig zur Erde zurückkehrten. Tatsächlich waren Belka und Strelka die allerersten Lebewesen, die von der Erde zu den Sternen flogen und auch den Rückweg nach Hause überstanden.

Nr. 8

MAURICE

ANDY WARHOLS POP-ART-IDOL

Der Perücke tragende amerikanische Künstler Andy Warhol war der König der Pop-Art-Bewegung. Der schüchterne Provokateur, blass wie ein Gespenst, herrschte über die legendären Musiker, Models, Promis, Drag Queens, It-Girls und Sonderlinge des New Yorks der 1960er bis 1980er. Warhol war bekannt für seine vielen Neigungen und kleinen Sünden, aber keine davon war so groß wie seine Liebe zu Hunden – Dackel, um genau zu sein. Sein geliebter Archie hat sich seinen Platz in der Ruhmeshalle der Dachshunde redlich verdient: Warhol nahm ihn überall hin mit, sogar in das berühmte Studio 54. Er war berüchtigt dafür, in Interviews an Archie zu verweisen, wenn ihn die Fragen der Journalisten zu sehr langweilten. Aber es war Maurice, Archies transatlantischer Rivale, der Warhol wirklich ins Auge stach.

Der Künstler – der selten einen Auftrag ablehnte – war von seiner Freundin Gabrielle Keiller eingeladen worden, im Haus der Kunstsammlerin in London ein Portrait ihres Dackels Maurice anzufertigen. Aus Polaroids erschuf Warhol sein Meisterwerk – und sein im Siebdruckverfahren hergestelltes »Portrait of Maurice« in Indigo-, Rostrot- und Pinktönen ist wahrlich beeindruckend. Keiller spendete ihre Kollektion 1995 der *Scottish National Gallery of Modern Art*, wodurch Maurices Porträt wiederentdeckt wurde – der erste Warhol des Museums. Niemand weiß, was Archie über Maurices Aufstieg zu Ruhm und Ehre dachte, aber vielleicht hat er Warhol ein eigenes kleines Kunstwerk erschaffen.

Nr. 9

TEKA

DIE AUSTRALISCHE LEBENSRETTERIN

Der unaufhaltsame Australian Cattle Dog, der den Dingo zu seinen Urahnen zählt, ist bekannt für seinen Einfallsreichtum, seine Selbstständigkeit, seine kräftigen Muskeln und eine beharrliche Hingabe zu seinem Herrchen. Teka, eine Australian Cattle Dog-Hündin setzte, was diese Hingabe angeht, ganz neue Maßstäbe.

2007 nahm Tekas Besitzer, der Glashandwerker Jim Touzeau, sie mit zur Arbeit. Doch der 79-jährige erlitt einen Herzinfarkt und brach ohnmächtig auf dem Fabrikgelände zusammen. Teka – eine sehr wachsame und aufmerksame Hündin – merkte gleich, dass etwas nicht stimmte. Sie kletterte auf seinen Brustkorb und begann mit ihrem erheblichen Gewicht sogleich auf und ab zu hüpfen. Außerdem bellte sie laut in Jims Gesicht, bevor sie nach draußen rannte und Alarm schlug.

Durch ihr Gehopse und Gebelle war Jim wiederbelebt genug, um nach Hilfe zu rufen,

und wie durch ein Wunder konnte er gerettet werden.

»Ich weiß nicht, ob sie wirklich mein Herz in Schwung gebracht hat«, sagte Jim in einem Interview mit seiner Lokalzeitung, der »Brisbane Times«, »aber die Ärzte sagen, dass, wenn ich nicht zu mir gekommen wäre und um Hilfe gerufen hätte, die Chancen gut stehen, dass ich jetzt tot wäre.« Auch wenn die Mediziner nicht sicher sagen konnten, ob Tekas Herzdruckmassage irgendeinen physiologischen Effekt hatte, wusste Jim es besser – er ist sich sicher, dass er nicht mehr am Leben wäre ohne seinen geliebten Cattle Dog.

Sechs Jahre vor dem Vorfall hatte Jim seine Frau verloren. »Es ist ein sehr einsames Leben alleine«, sagte er. Aber drei Jahre später war Teka in sein Leben getreten. »Sie ist eine tolle Begleiterin«, erzählt Jim. »Sie weicht nie von meiner Seite. Ich verlasse mich auf sie und sie verlässt sich auf mich.«

Nr. 10

SEÑOR XOLOTL

FRIDA KAHLOS WAHRE MUSE

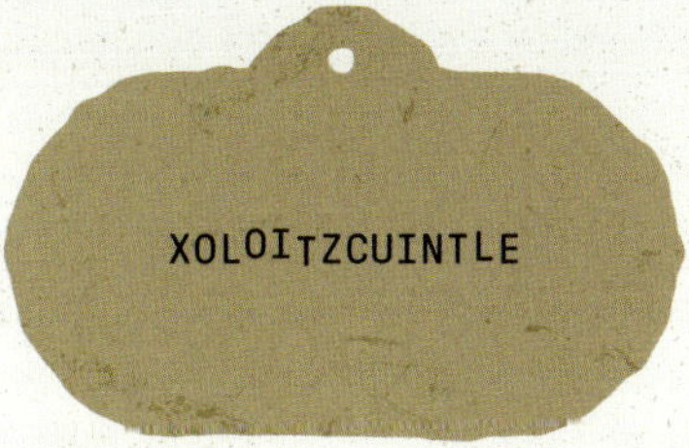

Mit »Liebesumarmung des Universums, der Erde (Mexiko), mir, Diego und Herrn Xolotl« (1949) hat die Künstler-Ikone Frida Kahlo ein wahrlich skurriles Selbstportrait gemalt. Sie wird darauf im Zentrum des Universums in einer liebevollen Umarmung gehalten mit allem, was sie liebt, in ihrer Nähe. In ihren Armen befindet sich eine kindliche Version ihres Ehemanns Diego Rivera (mit flammendem Schritt) und daneben? Ihr Hund, Señor Xolotl. Es ist der Fiebertraum eines Hundeliebhabers.

Kahlos fast haarloser, windhundartiger Xoloitzcuintle ist eine seltene und uralte Rasse, die von den Azteken geschätzt wurde. Sie stellt einen Grundpfeiler der mesoamerikanischen Kunst dar. Die Azteken und Maya hielten die »Xolo« für Heiler (sie sind ausgezeichnete Kuschelpartner, die die Gliedmaßen derer warm halten, die schwer erkrankt sind) und verehrten die schlanken und hochintelligenten Hunde als Vorfahren des mexikanischen haarlosen Chihuahuas. Kahlo teilte diese Verehrung und Señor Xolotl – benannt nach einem aztekischen Gott und Hüter der Unterwelt – ist in vielen Selbstportraits der Künstlerin verewigt, zusammen mit ihrer wilden Menagerie an Tieren (Kahlos geliebte Haustiere können in ungefähr einem Drittel ihrer Werke bewundert werden).

Trotz seiner reichen Vergangenheit und seines nahezu königlichen Status' wurde der Xolo erst im Jahr 2011 offiziell vom *American Kennel Club* als Hunderasse anerkannt, vielleicht deshalb, weil die Meinungen über sein Aussehen schon immer auseinander gegangen sind. Durch unsere momentane Obsession für übermäßig niedliche Hunde mit makellosem, üppigem Fell und Teddybär-Augen wirkt diese alte Rasse seltsam auf uns. Aber für Kahlo war ein haarloser Xolo eine Schönheit.

Nr. 11

BODHI

SHIBA INU

DAS MÄNNERMODENMODEL

Fangen wir damit an, dass Bodhi gut aussieht, selbst für einen Shiba Inu. Er hat breite Schultern und leuchtende Augen, strahlend weiße Zähne und eine sehr gepflegte Rute. Er wirkt in einem einfachen Kapuzenpulli und Mantel genauso gut gekleidet wie in einem Anzug und mit einigen Vintage-Goldkettchen. Kein Wunder, dass er in der Welt der Männermode eine Fashion-ikone ist.

2013 kamen Bodhis Besitzer, die New York Fashion-Designerin Yena Kim und ihr Partner, der Grafikdesigner David Fung, auf eine Idee, die fast allen Hundebesitzern schon einmal in den Sinn gekommen ist: Würde meinem Hund eine Motorrad-Lederjacke und ein Beanie gut stehen? Sie inszenierten Bodhi brillant in einigen Männer-Outfits und posteten die Fotos versuchsweise unter dem Accountnamen @mensweardog auf Instagram. Damals wussten sie noch nicht, dass dies der Start einer neuen internationalen Promi-Marke werden sollte. Bodhis Profil gewann stetig neue Follower, was schon bald Sponsoren anlockte. Modehäuser – beeindruckt von Bodhis natürlichen Sinn für Stil und seiner kultartigen Anhängerschaft – standen Schlange, um mit ihm zusammenarbeiten zu dürfen. Von Luxusmarken wie Coach, Brooks Brothers und Salvatore Ferragamo zu erschwinglicheren Versandhändlern wie ASOS – Bodhi war heiß begehrt.

Unter der Verwaltung von Yena und David stieg Bodhi groß ins Geschäft ein.

Mittlerweile hat er Modelverträge, Modekooperationen, ein Buch, Kolumnenplatz in der »New York Times«, in »GQ« und im Magazin »TIME« und 2018 brachte er sogar seine eigene Fashionkollektion für Menschen heraus. Es hilft natürlich, dass Bodhi in fast allem, was er trägt, eine gute Figur macht. Egal ob er in den Straßen von Brooklyn mit einem Fedora unterwegs ist oder in einem neuen Karo-Hemd auf einer Picknickdecke ausgebreitet die Sommersonne genießt. Seine Wall Street-Anzüge erinnern an »American Psycho« und sein Look in Wildleder-Baker Boy-Schuhen und einem zerrissenen Brooks Brothers-Sweatshirt (während ihm stillschweigend vor einem Croissant in einem Straßencafé das Wasser im Maul zusammenläuft) strahlt Serge Gainsbourg-Vibes aus.

Nr. 12

TAIL

EINE BEZAUBERNDE, NICHT-MAGISCHE LEGENDE

UNKLAR

Alte Chinesische Mythen sind voll mit sehr braven Hunden – göttlich inspirierte, heldenhafte Vierbeiner, deren Treue, Stärke und Hingabe der Stoff ist, aus dem Legenden gemacht werden. Da gibt es Panhu, den fünffarbigen Hund, der sich in einen Menschen verwandeln kann (wenn er sieben Tage lang unter einer goldenen Glocke bleibt). Er ist berühmt dafür, dem Kaiser Ku zum Sieg in einer Schlacht verholfen zu haben, indem er Angreifer besiegte und seinem Herrchen den Kopf des Feindes brachte. Für seine Mühen gab Ku ihm die Hand seiner Tochter. Panhu wird nur von Tiangou, dem »Himmlischen Hund«, übertroffen, der sehr aufs Fressen aus war und gerne Himmelskörper verspeiste. Man kann ihn in der alten chinesischen Kunst als Meteor oder Komet entdecken. So weit, so fantastisch, aber die alten Mythen stecken auch voller entzückender nicht-magischer Hunde.

Die Novelle »The Saviour with a Tail« (»Der Retter mit einer Rute«), die in der Nördlichen Song-Dynastie (960 – 1127) entstand, verbildlicht perfekt die Liebe der Chinesen zu ihren Hunden. In der Geschichte begleitet Hualongs Hund mit dem Spitznamen Tail ihn zu seinen Jagdausflügen. Eines Tages wird Hualong an einem Flussufer von einer Python angegriffen – Tail beißt die Schlange tot und rettet dadurch seinen Besitzer. Da Hualong ohnmächtig ist, rennt Tail zurück nach Hause, um seine Familie zu alarmieren. Die Familienmitglieder finden Hualong, bringen ihn zurück nach Hause und pflegen ihn wieder gesund. Währenddessen verweigert Tail zwei Tage lang sein Futter, bis sein Herrchen wieder aufwacht.

Der Mythos zeigt, dass auch nicht-magische Hunde manchmal bezaubernd sein können.

Nr. 13

SPICEDOGSSS

DIE PUTZIGSTEN KOREANISCHEN IDOLS

PUDEL

In den letzten Jahren hat die ganz eigene, emotionale südkoreanische Popkultur die Welt im Sturm erobert, egal ob mit Musik, Fernsehsendungen und Filmen, Spielen, Kunst, Kleidung oder Kulinarik. Diese koreanische Welle – auch bekannt als *hallyu* (ein chinesischer Begriff) – hat kreative Exporte wie die talentierte Boygroup BTS, die nur aus Frauen bestehende Superband Blackpink und Netflix' blutigen Megahit »Squid Game« ins Rampenlicht gerückt.

Seit ungefähr 2000 hat das Phänomen erst China erreicht, dann Japan und Südostasien, bevor es zu einer Tournee um die ganze Welt aufbrach, Gangnam Style. Die Welle hat der zeitgenössischen südkoreanischen Kunst neuen Schwung verliehen, der sowohl die begeisterten Pop-Fans als auch die anspruchsvollen Kritiker gleichermaßen zufriedenstellt und die südkoreanische Wirtschaft brummen lässt. Kein geringer Bestandteil dieser Welle sind die Spicedogsss, zwei pastell-Maccarone-farbene Pudel (und ihre Zwerghundefreunde), die von hingerissenen Fans auf der ganzen Welt geliebt werden. Darf ich vorstellen: Gappy und Mayo und ihre Freunde Kkanppi, Yeppi, Hodu, Hoochu, Saeng-Gang, Manool, Bulggul und Mugmull, allesamt *hallyu*-Instagram-Superstars. Genau wie ihre K-Pop-Gegenstücke haben die Spicedogsss ihre eigene beliebte Produktlinie, aber die meisten folgen den Hunden wegen ihrer modischen Looks. Die Lieblingsoutfits bestehen aus pastellfarbenen und mit Steinchen besetzten Geschirren, Sommerröcken mit Lochstickereien (perfekt für ein Picknick) und viktorianischen Bademoden mit berüschten Badekappen. Eindrucksvoll ist auch ihre Zusammenarbeit mit dem Hundeausstatter Babirin, der sich in Form eines begehbaren Kleiderschranks präsentiert – mit Platz für hunderte Hundeaccessoires.

Nr. 14

BUMMER & LAZARUS

DIE SCHLINGEL, DENEN KEINER BÖSE SEIN KANN

NEUFUNDLÄNDER & MISCHLING

Vor seiner jüngsten Wiederbelebung als Lieblingsort der Tech-Bros und Bubble-tea-Fans war San Francisco schon lange ein Nirvana für Obdachlose und Taugenichtse, Hippies und Exzentriker und alle Arten von Anhängern der Gegenkultur. Die Glückssucher Bummer (ein stämmiger schwarzweißer Neufundländer) und Lazarus (ein blond-schwarzer Mischling) waren dort in den 1860ern genau richtig. Diese beiden hündischen Gassenjungen trabten die Montgomery Avenue entlang und gingen in die lokale Geschichte ein. Die zwei Hunde, beide ohne ein Zuhause, waren wie Pech und Schwefel und arbeiteten als untrennbares Duo zusammen, um Essen zu stehlen, sich Leckereien zu verdienen und – unergründlicherweise – Geheimnisse aufzuklären. Mit ihrer Reputation in der Lokalzeitung, in der sie in Form von Cartoons auf die Schippe genommen wurden, und einem Freifahrtsschein vom Hundefänger war es nicht ihre Beziehung zu den Menschen, die sie in der Gesellschaft von San Francisco beliebt machte, sondern ihre starke Bindung zueinander. Zunächst war Bummer als Solokünstler in

der Montgomery Street aufgetreten, wo er vor einer Journalistenkneipe hilfsbereit die ein oder andere Ratte gefangen hatte. Dann war Bummer eingeschritten, als ein anderer Hund gegen einen sehr viel größeren Gegner kämpfte, und hatte ihn gerettet. Doch sein neuer Freund war schwer verwundet. Bummer blieb bei ihm und – wie durch ein Wunder – erholte sich der kleinere Hund. Der lokale Postbote nannte ihn Lazarus und seitdem waren die beiden unzertrennlich. Das Paar verdiente sich einen Ruf als Rattenfänger (ihr Rekord lag bei 85 Tötungen in 25 Minuten) und konnte sogar den Aufenthaltsort eines entlaufenen Pferdes ermitteln.

Ob es nun die eifrigen Lobeshymnen der Journalisten waren oder der natürliche Charme von Bummer und Lazarus, die beiden drückten der Geschichte San Francisco auf jeden Fall ihren Stempel auf. Sie wurden auf einer Plakette im Redwood Grove-Park verewigt und um die poetischen Worte zu zitieren, die zuerst im »San Francisco Bulletin« abgedruckt worden waren: »Zwei Hunde mit einem einzigen Bellen, zwei Ruten, die im selben Takt wedelten.«

Nr. 15

FILOU

DER POMPÖSE PUDEL VON KÖNIG LOUIS XIV.

PUDEL

Auf in das Paris des späten 17. Jahrhunderts und zum Hof des Perücke tragenden Sonnenkönigs Louis des Großen, oder einfach des guten alten Louis XIV. Sein großartiges, fast schon zauberhaftes Leben des Prunks und Abenteuers machte ihn zum Trendsetter seiner Zeit: Sein *oui* oder *non* löste Begeisterungsstürme aus, brach Herzen und ließ ganze Wirtschaftsbereiche ins Wanken geraten. Der König Frankreichs regierte von Versailles aus – einem schimmernden, protzigen und hell erleuchteten Palast, der zum Zentrum der französischen Kultur avancierte und bis heute so verankert ist in der französischen Identität, dass man sich sicher sein kann, das Licht angelassen zu haben, wenn jemand »C'est pas Versailles ici!« ruft. Neben den Werken von Molière und Racine und zahlreichen Malern, Musikern und Architekten gab es eine weitere entzückende Kunstform, die Louis genoss: sein Rudel kleiner Pudel, angeführt vom Nationalstar und Promi-Pudel Filou. Der gesamte französische Hof teilte Louis' Liebe zu Pudeln. Die Hunde selbst – Nachfahren deutscher Wasserhunde, die bereits »Pudel« genannt wurden – bekamen pompöse Haarschnitte verpasst, die von Pompadours bis Moustaches reichten, und wurden herumgetragen wie unbezahlbare Artefakte.

Vielleicht ist diese Degradierung zum Mode-Accessoire der Ursprung davon, dass Pudel oft als tumbe, närrische Hunde abgetan werden. Dabei ist die Rasse eigentlich etwas Besonderes. Intelligent, liebevoll und sportlich mit einem hypo-allergenen Fell – der Pudel ist die perfekte (und eine sehr beliebte) Rasse zum Kreuzen und reinrassige Pudel eignen sich oft sehr gut als Therapiehunde.

Was Louis anhimmelte, verehrte auch die Spitze der französischen Gesellschaft, sodass Filou und die ganze Pudelrasse bald ein Synonym für die gesamte Nation wurden. Aber wir haben es Louis auch zu verdanken, dass der Pudel gerne mit der Vorstellung des prunkvollen Promis in Verbindung gebracht wird, auch jetzt noch, 300 Jahre später. *Merci*, Louis und Filou!

Nr. 16

SALTY & ROSELLE

DIE BLINDENHUNDE VOM 11. SEPTEMBER

LABRADOR RETRIEVER

Salty konnte durch eine Menschenmenge flitzen, Lücken erspüren, noch bevor sie entstanden, und hindurchschnellen, während er seinen Besitzer Omar Rivera in Sicherheit brachte. Sein erster Einsatzort als Blindenhund war Yorktown Heights in North Westchester, aber einen Teil seines Trainings absolvierte er auch in New York City, wo er mit der U-Bahn fuhr und dabei sowohl den Hotdog-Stand als auch die verkehrsreichen Straßen der Bronx geschickt ignorierte. Er war sehr bewandert darin, durch die Rush Hour zu navigieren.

Der hellblonde Labrador Retriever (eine Rasse, die für ihre Intelligenz, ihren Spieltrieb und die allgemeine schwanzwedelnde Freundlichkeit bekannt ist) absolvierte seine Ausbildung 1998 am Institut *Guiding Eyes for the Blind* in Westchester County. Die Messlatte für Blindenhunde liegt sehr hoch und nicht jeder Welpe schafft es bis zur Graduierung. McCabe-Sandler, die auch Hunde trainiert, die mit autistischen Kindern arbeiten, übergab ihren Musterschüler an Omar Rivera, einen Mann aus Westchester, der an Sehverlust litt.

Am 11. September 2001 führte Salty Rivera zu seiner Arbeitsstätte im 71. Stock von Turm Eins des *World Trade Centers* (One WTC). Sie kamen früh an, schon gegen 7:00 Uhr morgens, und Rivera, der in der IT angestellt war, bereitete sich auf ein Meeting mit den Hafenbehörden von New

York und New Jersey vor. Gegen 8:45 Uhr war Rivera bereit, während Salty friedlich an seinem Arbeitsplatz schlief. Da hörte Rivera ein Geräusch, das er nicht einordnen konnte – wie er später erfuhr, war es der American Airline-Flug 11, der entführt und in den Turm gelenkt worden war, 22 Stockwerke über ihm. Das Gebäude wackelte, Riveras Computer fiel zu Boden und Salty – unverkennbar verstört – rannte im Flur in der Nähe von Riveras Schreibtisch auf und ab. Etwas Außergewöhnliches war geschehen.

Salty war nicht der einzige Blindenhund, der an diesem Tag in One WTC arbeitete. Nur sieben Stockwerke weiter oben, im 78. Stock, saß Verkaufsleiter Michael Hingson, ein weiterer Mann mit Sehverlust, zusammen mit seinem Labrador Retriever Roselle. Roselle war ein richtiges kalifornisches Mädchen, so blond wie es nur geht. Nachdem sie am Institut *Guide Dogs for the Blind* in San Rafael ausgebildet worden war, übernahm sie 1999 die Stelle als Hingsons fünfter Blindenhund.

Für Hingson und Roselle hatte der Arbeitstag ebenfalls etwas früher als gewöhnlich angefangen, genau wie für Rivera und Salty. Sie waren von New Jersey aus per Taxi und mit dem PATH-Zug angereist. Hingson hatte den Konferenzraum für ein Frühstücksmeeting vorbereitet und Roselle saß an der Tür, um die Teilnehmer zu begrüßen, als das Flugzeug einschlug. Im ersten Moment blieb Roselle so ruhig, dass Hingson einen Augenblick lang dachte, die Lage sei halb so schlimm. Doch dann holte die Realität ihn ein. »Unter Tränen verabschiedeten sich die Kollegen voneinander. Ich war mir sicher, dass ich sterben würde«, erzählte Hingson 2011. Er begann seine Evakuierung durch das Treppenhaus, wobei Roselle ihn und 30 seiner Kollegen führte. »Wenn sie eine Gefahr wahrgenommen hätte, hätte sie sich anders verhalten, aber das tat sie nicht«, erklärte Hingson. »Roselle und ich waren ein Team und ich vertraute ihr.«

Es dauerte eine zermürbende Stunde, durch das Treppenhaus – das gefüllt war mit dem Geruch von Rauch, mit herabstürzenden Trümmern und den Schreien hunderter Menschen – hinab zu steigen. Omar Rivera klammerte sich an Saltys Geschirr und machte sich seinerseits auf den langen Weg zum Erdgeschoss. Doch schon bald war das Treppenhaus zu überfüllt, zu verwirrend und es wurde vorgeschlagen, dass Rivera Saltys Geschirr loslassen sollte, damit sie sich beide besser bewegen könnten. Aber ihr Herrchen zurückzulassen verstieß gegen Saltys Ausbildung. Er weigerte sich, von Riveras Seite zu weichen. Riveras Vorgesetzte Donna Enright half dem Paar dabei, weiter hinabzusteigen, und als ein weiterer Kollege versuchte zu helfen, indem er nach Saltys Geschirr griff, weigerte sich Salty erneut. Er würde Rivera niemals verlassen.

Zur selben Zeit führte Roselle Michael Hingson durch dieselbe Situation, unglaublich ruhig blieb sie dicht an seiner Seite. Gerade als Salty, Roselle und ihre Besitzer endlich den Ausgang zur Straße erreichten, stürzte Two WTC ein und hüllte sie in Staub und Schutt ein. Rivera und Salty waren weniger als drei Blocks weit entfernt, sie hatten es gerade so nach draußen geschafft. Roselle lenkte Hingson konzentriert durch den Staub und das Chaos zu einer U-Bahnstation. Dort fanden sie eine Frau vor, die durch herabfallenden Schutt geblendet worden war, und halfen ihr.

Salty und Roselle wurde eine gemeinsame Auszeichnung für ihre unglaubliche und zweifelsohne lebensrettende Arbeit verliehen. Sie erhielten 2002 von der Organisation *People's Dispensary for Sick Animals* die Dickin-Medaille, die folgende Inschrift trug: »Für das treue Verbleiben an der Seite ihrer blinden Besitzer und dafür, dass sie sie mutig mehr als 70 Stockwerke des *World Trade Centers* hinuntergeführt und an einen sicheren Ort gebracht haben, in Folge des Terroranschlags auf New York vom 11. September 2001«.

Salty verstarb im Jahr 2008 und Roselle 2011. »Vertrauen, das ist das Wichtigste in der Beziehung mit einem Blindenhund«, sagte Rivera 2011 in der Dokumentation »Where Were You« (»Wo warst du«) von National Geographic. Salty war Riveras dritter Blindenhund, ein essentieller Begleiter für den Mann, der mit 28 Jahren sein Augenlicht verloren hatte. »Sie geben alles, was sie haben, und bekommen fast nichts dafür zurück, nur Liebe.«

Nr. 17

THE BASKERVILLE HOUND

SHERLOCKS GRÖSSTER WIDERSACHER

In Sir Arthur Conan Doyles Mystery-Roman »Der Hund von Baskerville« aus dem Jahr 1902 verschlägt es den berühmt eigenwilligen Detektiv Sherlock Holmes in das neblige, einsame Hochland von Dartmoor in Südengland, wo er ein beinahe übernatürliches Geheimnis aufklären soll. In der Geschichte wird Sir Charles Baskerville im Garten seines Herrenhauses tot aufgefunden. Seine Familie wurde angeblich von einem dämonischen Hund verflucht. Berufsskeptiker Sherlock spottet sogleich über die Vorstellung eines Fluches, doch je tiefer er in die Welt des Moores eintaucht, desto mysteriöser wird es.

Bei der Charakterisierung des Hundes hat sich Doyle von seinen Studien über das Dartmoor und von der altenglischen Folklore inspirieren lassen, die das gesamte Buch prägt. Besonders angetan hat es ihm die Geschichte des Knappen Richard Cabell aus Buckfastleigh in Devon, der angeblich seine Frau ermordet und seine Seele an den Teufel verkauft haben soll. Als Cabell 1677 starb, wurde ein Rudel gespenstischer Hunde gesichtet, die durch das Dartmoor jagten und dabei Flammen spien, nur um sich dann heulend um sein Grab zu versammeln (ein Ereignis, das alljährlich an Cabells Todestag stattfinden soll). Achtung, Spoiler: Es stellt sich heraus, dass es sich bei dem höllischen Biest aus »Der Hund von Baskerville« um einen gewöhnlichen, wenn auch sehr aggressiven, Hund handelt. Er soll als Sündenbock für einen mörderischen Plan herhalten, der auf Sir Charles' Erbe abzielt. Aber Doyles Roman – und auch die Legende – erfreut sich nach wie vor großer Beliebtheit. Der nicht mehr ganz zeitgemäße psychologische Begriff »Baskerville-Effekt« beschreibt, wie abergläubische Menschen scheinbar vor Angst sterben. Die alptraumhafte Geschichte eines bösen schwarzen Hundes spukt durch die altenglische Sagenwelt – mit Horror-Hunden wie dem Yeth-Hund, dem Barghest und dem Hundefeind Shuck, der nachts an der Küste entlangpirschen soll – doch diese Mythen können unmöglich einen wahren Kern haben, oder? Wie Sherlock einst zu Dr. Watson sagte: »Stellen Sie keine Vermutungen an.«

JAGDHUND

Nr. 18

NEVILLE JACOBS

DER FLEISSIGSTE HUND DER MODEWELT

Laut dem New Yorker »T«-Magazin ist er der »fleißigste Hund der Modewelt«: ein gutaussehender Bullterrier namens Neville Jacobs. Neville teilt sich seinen von Frank Lloyd Wright entworfenen Wohnsitz in Rye, Westchester County, New York, mit dem Fashiondesigner Marc Jacobs und seinem Ehemann Char Defrancesco und lebt ein Leben, von dem die meisten Hunde nur träumen können.

Vor seinem Aufstieg war Neville den Großteil seines Lebens ein vielbeschäftigter New York City-Innenstadt-Hund gewesen, der zwischen seinem Stadthaus in der Upper West Side und dem Atelier von Marc Jacobs hin und her pendelte. Auf Instagram wird sein Tagesprogramm dokumentiert: wie er in den Stadtparks von New York Gassi geht, Modetreffen besucht und in luxuriösen Privatjets durch die Weltgeschichte reist (all dies gibt nebenbei den zahlreichen Marc Jacobs-Fans einen Einblick in das Privatleben des Designers).

Wie viele einheimische New Yorker sind Bullterrier hart im Nehmen, haben aber einen großartigen Sinn für Humor. Sie (die Bullterrier, nicht die New Yorker) sind meist muskulös, ausdauernd und brauchen viel Bewegung, aber sie spielen auch gerne, sind anhänglich und oft viel sanfter, als der schlechte Ruf der Rasse erahnen lässt. Neville hat ein liebenswertes Wesen und sein Sinn für Stil ist beispiellos, nicht nur für einen Hund. Er ist so etwas wie ein kultureller Influencer geworden und sieht in einem Grobstrickpulli von Marc Jacobs fantastisch aus. Über Neville wurde sogar eine Biographie geschrieben, nämlich »Neville Jacobs: I'm Marc's Dog« (»Ich bin Marcs Hund«) von Nicolas Newbold, die 2016 im prestigeträchtigen Rizzoli-Verlag erschienen ist. Ob Neville dieser ganze Ruhm zu Kopf gestiegen ist? Natürlich nicht. Auch wenn er Audienzen mit Fashion-Queens wie Christy Turlington und Karlie Kloss hatte und die glamourösesten Orte dieser Welt besucht hat, ist für Neville ein Laternenpfahl immer noch ein Laternenpfahl, egal an welchem Ort er gerade unterwegs ist.

BULL-
TERRIER

Nr. 19

FIPS

EDVARD MUNCHS INSPIRATION

FOXTERRIER

Auf nach Norwegen, dem Geburtsort der ikonischen und gequälten Kunst von Edvard Munch (1863–1944), der mit seinem psychologischen Ansatz der »Seelenmalerei« seine Psyche durchforstete und seine Furcht in expressionistischen, traumartigen Pastel- und Ölgemälden zum Ausdruck brachte. Sein bekanntestes Werk, »Der Schrei«, wurde endlos adaptiert, umgearbeitet und in Memes verwandelt, als Küchenmagnet, Handyhülle und sogar Unterwäsche ist es unsterblich geworden. Bis heute können wir uns mit der Qual, die der Künstler dargestellt hat, identifizieren.

Hier kommt ein bescheidener Hund ins Spiel, Munchs größte Inspiration. Nachdem Munch eine Zeit lang in Paris und Berlin gewesen war und Phasen der schweren Trunksucht und der Angst überstanden hatte (in Folge des Todes seiner Mutter und Schwester 1908), lebte der Künstler in fast autarker Einsamkeit in Oslo, wo ihm nur seine Hunde Gesellschaft leisteten. Sein Foxterrier Fips lag ihm ganz besonders am Herzen. In einem Brief an den Schriftsteller Christian Gierløff schrieb Munch, dass »die Seele eines alten weisen Mannes sich [in seinem Hund] niedergelassen hat«. Bald darauf wurde Boy Teil des Rudels, ein liebevoller Gordon Setter, und dann ein zotteliger Bernhardiner, der Bamse (norwegisch für »Teddybär«) genannt wurde.

Der Künstler und die Hunde waren unzertrennlich. Sie folgten ihm sogar ins örtliche Kino und wenn sie bellten, interpretierte Munch dies als schlechte Rezension und verließ das Kino noch vor dem Abspann. Auch wenn Munch alle Hunde gernhatte, fand er den Nachbarshund Rolle weniger entzückend, der bei einer Gelegenheit die Hose des Postboten zerrissen hatte (und der wahrscheinlich in »Wütender Hund« dargestellt ist). Munch malte und zeichnete seine Hunde und es wird vermutet, dass Fips der Star seines viel gelobten Gemäldes »Kopf eines Hundes« ist, ein Bild, das nicht von Verzweiflung bestimmt ist, sondern einen kleinen Hoffnungsschimmer enthält.

Nr. 20

BAEKGU

DER JINDO VON DONJI-RI, SÜDKOREA

Willkommen auf Jindo, der fast mystischen (aber sehr realen) südkoreanischen »Hundeinsel«, die südwestlich der koreanischen Halbinsel liegt und auf der sich das Dorf Donji-ri befindet. Von dort stammt der Jindo, Südkoreas meist gefeierte Hunderasse und ein offizieller Nationalschatz. Oh man, sind die knuffig – mit ihren gespitzten Ohren und leuchtenden Augen! Sie haben viele Merkmale des japanischen Shiba Inus: zum Beispiel unglaubliche Niedlichkeit und eine gewisse königliche Ausstrahlung.

Der Charakter der Jindo ist legendär: Sie sind wachsam (und eignen sich hervorragend als Wachhunde), hochintelligent und treu ergeben. Tatsächlich ist ihre Treue so groß, dass es Berichte (oder sind es Legenden?) darüber gibt, wie Jindo hunderte Kilometer weit gelaufen sind, um mit ihren Besitzern wiedervereint zu sein, oder wie sie Totenwache über ihren kürzlich verstorbenen Herrchen halten und sich dabei weigern zu fressen. Jahrhunderte lang dachte man, dass die Jindo halb-wild auf der Insel leben, in Harmonie mit den Einheimischen. Zahlreiche Mythen haben ihre fast symbiotische Beziehung zu der Inselgemeinschaft zum Inhalt. Heute gibt es einen kleinen Jindo-Themenpark, einen inselweiten nationalen Jindo-Feiertag und einen Hundewettbewerb, bei dem viele Teilnehmer – wenn nicht die meisten – aus der Zuchtfamilie der Jindo stammen. Einer der bekanntesten Jindo war Baekgu (was »weißer Hund« bedeutet), der 1993 angeblich 186 Meilen weit von Daejeon aus in den Süden lief, um wieder bei seinem vorherigen Besitzer zu sein (Jindo ist durch eine Brücke mit dem Festland verbunden). Baekgu wurde schnell zur nationalen Obsession, samt Journalisten, die in Jindo einfielen. Baekgu hatte Gastauftritte in zahlreichen Cartoons, Kinderbüchern und sogar einer Oper.

Nr. 21

MARNIE

DIE ERSTE HUNDE-INFLUENCERIN

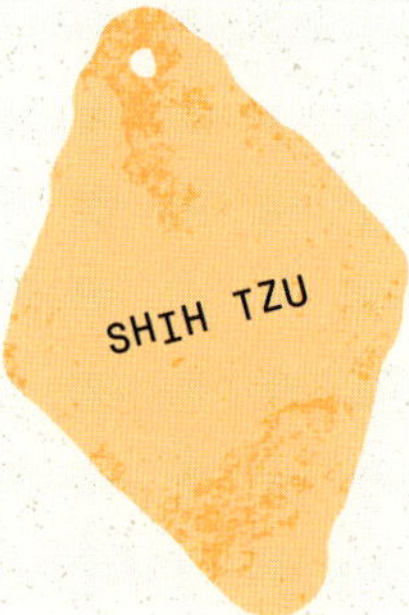

Es gab eine Zeit, in der die großartige Marnie der berühmteste lebende Hund der Welt war. Sie hatte 1,7 Millionen Follower auf Instagram, war von Miley Cyrus, Tina Fey, Taylor Swift und Lena Dunham geknuddelt worden und war mit ihrem überlegenen Verständnis für Social Media-Plattformen (wer erinnert sich noch an Vines?) in die Herzen von Hundeliebhabern auf der ganzen Welt getapst. Die in New York City ansässige Shih Tzu-Dame, bekannt für ihren schief gelegten Kopf und ihre unglaublich lange Zunge, war die erste Hunde-Influencerin der Welt, quasi eine »Dogfluencerin«.

Aber jede Promi-Geschichte hat ihren Ursprung und in ihrem vorherigen Leben war Marnie ein ausgesetzter Hund gewesen, der seine Existenz in den Straßen von Connecticut fristete. Als sie 2012 endlich vom Tierschutz aufgegriffen wurde, war sie in einem traurigen Zustand mit verfilztem Fell, faulen Zähnen und einem trüben Auge. Außerdem litt sie unter dem Vestibularsyndrom, das relativ häufig vorkommt und zu einer Schiefhaltung des Kopfes führt. Kurzzeitig »Stinky« genannt, ging man davon aus, dass sie ca. 10 Jahre alt war. Doch als ihre zukünftige Besitzerin Shirley Braha sie vier Monate später im Tierheim kennenlernte, sah sie etwas wahrlich Besonderes in dem entzückend seltsam aussehenden Shih Tzu und das

Paar machte sich auf nach New York City. Braha begann, Fotos und Videos von Marnie online zu stellen, und schnell zeigte sich Marnies Niedlichkeit, sodass sie zum Aushängeschild für die Adoption älterer Hunde wurde.

Mehr als 7,5 Millionen Tiere landen alleine in den USA jedes Jahr im Tierheim. Davon sind 3,9 Millionen Hunde und von diesen wiederum werden ca. 1,2 Millionen eingeschläfert. Gerade die Senioren werden von Tierheimbesuchern leider oft übersehen, aber für diejenigen, die doch ihre Leinen ergreifen, ist es ein wahrlich lohnendes Erlebnis. Ältere Hunde sind oft ruhiger, machen weniger kaputt und brauchen nicht so viel Auslauf wie ihre jüngeren Artgenossen. Und selbst die unglücklichen und misshandelten Hunde blühen regelrecht auf, wenn sie Liebe und einen artgerechten Umgang erfahren.

Marnie verstarb im Jahr 2020 und hat einen bunten Strauß an Fotos sowie ein Buch und sogar eine App hinterlassen. Aber auch eine Stiftung namens *Marnie's Old Pals* (»Marnies alte Freunde«), die sich dafür einsetzt, dass Seniorenhunde in den Tierheimen eine gute tierärztliche Versorgung erhalten. Außerdem hat sie die Aufmerksamkeit auf das Elend derjenigen Hunde gelenkt, die als etwas zu sehr in die Jahre gekommen angesehen werden.

Nr. 22

ROSY, DORA & SNOWBEAR

TILDA SWINTONS PREISGEKRÖNTE SPRINGER SPANIEL

»Ich muss euch ganz ehrlich sagen, dass dies der Preis ist, den man bekommen muss«, verkündete Schauspielerin, Regisseurin, kulturelle Gigantin und Leinwand-Chamäleon Tilda Swinton, als sie 2021 im Namen ihrer Hunde den *Palm Dog Award* bei den Filmfestspielen von Cannes entgegennahm.

Swintons Hunde waren teilweise für ihren Auftritt mit Tilda Swinton und ihrer Tochter Honor Swinton Byrne im Film »The Souvenir Part II« nominiert worden. Aber Rosy, Dora und Snowbear sind auch die Stars von Swintons Musikvideo zu einem von Händels Opernmeisterwerken, »Rompo i lacci«, aus seiner Oper »Flavio«, das sie zusammen mit ihrem Partner für die Multimedia-Installation der Oper Philadelphia mit dem Titel »Glass Handel« selbst gedreht hat. Das Video zeigt Swintons Springer Spaniel, wie sie sich zunächst in Zeitlupe und dann humorvoll beschleunigt am Strand amüsieren und ihr junges Leben in vollen Zügen genießen.

Die Auszeichnung gehört streng genommen nicht offiziell zu den Festspielen in Cannes, aber wen kümmern solche Spitzfindigkeiten? Wir müssen dem Journalisten Toby Rose dafür danken, dass er diesen lustigen kleinen Award populär machte, indem er ihn seit 2001 in der Presse immer wieder aufgriff. Ein weiterer erwähnenswerter Kandidat ist der Hund Sayuri, der seinen Starauftritt als Brandy in Quentin Tarantinos »Once Upon a Time ... in Hollywood« hatte.

Nr. 23

MOPS

MARIE ANTOINETTES ERFUNDENER MOPS

Brioche, große Frisuren, die Guillotine und Mopse: Die anhaltende Berühmtheit von Marie Antoinette (1755 – 1793) ist gekennzeichnet durch die wichtigsten Objekte ihres Lebens. Die tragische Königin Frankreichs ist vielleicht vor allem durch ihre fehlgeleitete Lösung (auch bekannt als Brioche) für das Problem der nationalen Armut in Erinnerung geblieben, aber ihre aufgetürmten und der Schwerkraft trotzenden Perücken und ihr grausiges Ende stehen (was dieses Buch betrifft) nur an zweiter Stelle hinter ihrer Liebe für Mopse. Und vor allem für einen besonderen Mops: ihren lieben kleinen Mops namens Mops.

Die Legende hinter Mops, dessen pummeliges Gesicht immer wieder in Marie Antoinettes Lebensgeschichte auftaucht, ist die folgende: Als junge Erzherzogin in Österreich genoss Marie Antoinette (geboren Maria Antonia) die Gesellschaft ihres kleinen gelbbraunen Mopses, doch als sie nach Frankreich zog, um im Alter von 14 Jahren Louis-Auguste zu heiraten, musste sie Wien ohne ihn verlassen (ein Hund galt als unziemlich für eine solche Dame). Marie Antoinette sehnte sich nach Mops, bis er schließlich an den französischen Hof geschickt wurde, um in einer Zurschaustellung des Einflusses der jungen Adeligen wieder mit ihr vereint zu werden. Als Louis seinen *derrière* 1774 auf dem Thron parkte, wurde Marie Antoinette die letzte Königin Frankreichs und andere Hunde wurden Teil des Haushalts. Tatsächlich passte der kleine Spaniel Thisbe auf die Königin und ihre Kinder auf, während Louis enthauptet wurde. Sie wurden erst getrennt, als die Königin selbst zur Guillotine geführt wurde – nachdem die Tat vollbracht war, tauchte Thisbe wieder auf und stieß ein schmerzerfülltes Heulen aus.

Auch wenn es viele Details über Marie Antoinettes Leben gibt, die einer gewissenhaften Prüfung standhalten (dass sie die Besitzerin einer der ersten Toiletten mit Spülung war, ist eines davon), tut es der Mythos um Mops

leider nicht. Man geht sogar davon aus, dass der kleine Mops nie existiert hat, doch die Vorstellung von ihm geistert immer wieder durch die Geschichte der jungen Königin und die meisten Biografen schreiben über ihn, als wäre er real gewesen.

Die Königin hat tatsächlich nach einem Mops verlangt, wodurch die Legende über ihre Trennung von und Wiedervereinigung mit einem bestimmten Hund Gestalt annahm. Doch es steckt noch mehr hinter dieser Geschichte, vor allem aus einem modernen Blickwinkel betrachtet. Marie Antoinette war ein Kind, ganz allein am französischen Hof, ihr Leben und ihr Körper eingetauscht gegen politischen Einfluss und der Hof selbst war voller Neider und Böswilligkeiten. Wäre ein Mops nicht ein großer Trost für ein Kind gewesen, das dem Unfassbaren ins Auge blicken musste?

Sagen wir nun *au revoire* zu Mops, dem kleinen Kerlchen, das in der Fantasiewelt von Marie Antoinette lebte … und ebenso in unserer Vorstellung.

Nr. 24

ZEUS

WAHRLICH DIE GROSSARTIGSTE DEUTSCHE DOGGE

In der griechischen Mythologie war Zeus der Gott des Himmels und des Donners – ein kräftiges, bärtiges Superwesen, das mit seinem mächtigen Zorn, seinen übernatürlichen Fähigkeiten und seiner unvergleichlichen Statur über die anderen Götter herrschte. Äonen später verliebten sich Kevin und Denise Doorlag aus Otsego, Michigan, in ihr eigenes kleines Superwesen, einen schlaksigen schwarzen Welpen der Rasse Deutsche Dogge. Denise wollte einen »großen Namen« für ihren zukünftigen Hund, aber Kevin wollte lieber einen niedlichen. Am Ende ließen sie sich von der Antike inspirieren und Denise gewann die Diskussion; sie nannten ihren Welpen »Zeus«. Denise tat gut daran, einen großen Namen auszuwählen. Der Welpe wuchs und wuchs, bis er letztlich alle verzeichneten Messwerte für Deutsche Doggen übertraf. Ausgewachsen und auf seinen Hinterbeinen stehend war Zeus erstaunliche und bahnbrechende 2,23 m groß.

Deutsche Doggen sind Nachkommen der europäischen Jagdhunde aus dem 16. Jahrhundert (welche wiederum Kreuzungen aus Englischen Mastiffs und Irischen Wolfshunden waren), die genutzt wurden, um großes Wild wie Bären und Hirsche niederzuhalten, die zuvor von anderen, flinkeren Rassen gestellt wurden. Doch ab dem späten 18. Jahrhundert wurden Deutsche Doggen nicht mehr als Gebrauchshunde eingesetzt, sondern als Luxusgut betrachtet, und bis heute ist ihr Jagdtrieb zweitrangig. In erster Linie sind sie ein schlaksiger und liebevoller Teil der Familie – auch wenn ihre Darmwinde gefürchtet sind. Die Rasse ist bekannt für ihr sanftes, gelassenes Gemüt und ihre Fähigkeit, Menschen und andere Haustiere schnell in ihr Herz zu schließen.

Traurigerweise sind die großartigsten Dinge dazu bestimmt, zwar hell, aber dafür nur halb so lange zu leuchten, und die Lebenserwartung großer Hunderassen ist üblicherweise sehr viel niedriger als die des durchschnittlichen kleinen Terriers. Zeus verstarb 2014 im zarten Alter von nur fünf Jahren. Nicht nur war Zeus ein zertifizierter Therapiehund, der die Menschen im benachbarten Krankenhaus besuchte, sondern er erhielt noch eine weitere fast göttliche Ehrung: den Guinness-Weltrekord für den »Größten Hund der Welt«. Die großartigste Deutsche Dogge hat nun ihre eigene Mythologie.

DEUTSCHE DOGGE

Nr. 25

KABOSU

DAS SYMBOL DER KRYPTO-WÄHRUNG

Sagen wir *hajimemashithe* (»Sehr erfreut«) zu Kabosu, dem japanischen Shiba Inu, der tausende Memes inspirierte, Millionen Herzen gebrochen hat und verwirrenderweise das Gesicht der Kryptowährung Dogecoin ist. Kabosu ist die umwerfend schöne Shiba-Hündin, deren Besitzerin 2010 nichtsahnend eines ihrer niedlichen Fotos auf ihrem Blog veröffentlicht hat. Kurz darauf tauchte dieses Foto – mit regenbogenfarbenem Text in der Schriftart Comic Sans – online als Meme auf. Die Welt der Memes ist ein dunkler und unberechenbarer Ort – ein bisschen wie das Multiverse der Marvel Studios mit seinem endlosen Mischmasch an Charakteren und Ideen – und schon bald war Kabosus Foto überall. Plattformen wie 4chan und Reddit überfluteten das Internet mit immer neuen Varianten und spätestens im Jahr 2013 war das Meme – und unwissentlich auch Kabosu – ins kollektive Gedächtnis eingegangen.

Kabosu ist ein ruhiger und freundlicher Tierschutzhund, der als Welpe mit 19 anderen reinrassigen Shiba Inus in einem Tierheim gelandet war, nachdem eine örtliche Welpenfarm geschlossen worden war. 2008 wurde sie von der Erzieherin Atsuko Satō adoptiert. Diese startete ihren Blog, um auf die Gefahren der Welpenfarmen hinzuweisen und die Adoption von Hunden zu unterstützen (der Blog ist übrigens eine der meist besuchten Internetseiten in Japan). Während das »Doge«-Meme sich

weiter verbreitete, war das Paar glücklich ahnungslos über Kabosus wachsende Berühmtheit und genoss einfach sein gemeinsames Leben.

Gerade als die Situation nicht mehr absurder hätte werden können, programmierten die beiden Softwareentwickler Billy Markus und Jackson Palmer 2013 eine neue Kryptowährung mit der Absicht, sich über die bestehende Obsession für digitale Währungen lustig zu machen. Und was könnte dieses neue Produkt besser unterstreichen als Kabusos »Doge«-Meme? So entstand der Dogecoin und statt nur ein paar positive Bewertungen auf Reddit einzustreichen, erreichte die Währung tatsächlich einen guten Kurs (und ist heute Millionen wert). Mehr als zehn Jahre später ist Kabosu eine internationale Berühmtheit, wobei uns im Westen zuerst ihr Meme in den Sinn kommt. In Japan sind sie und Atsuko Satō richtige Promis – so wie es sein sollte.

Nr. 26

DAVID, BILLY & COLETTE

RADCLYFFE HALL UND DIE HUNDE DER QUEEREN FREUDE

Radclyffe Hall (1880 – 1943) ist die lesbische Pionier-Autorin, deren nicht geschlechtskonformer und lustvoller Lebensstil sowie elektrisierender, tabubrechender Roman »Quell der Einsamkeit« (1928) lesbische Frauen schon seit mehr als einem halben Jahrhundert inspirieren. Hall lebte ganz nach ihren eigenen Vorstellungen – ein radikaler Akt für eine Frau des späten 19. und frühen 20. Jahrhunderts – zusammen mit ihrem Dackel und ihrer Französischen Bulldogge (und ihren Liebhabern), die gehorsam an ihrer Seite durchs Leben trotteten.

Sie kleidete sich in Männerklamotten (von perfekt zugeschnittenen maßgeschneiderten Anzügen bis zu ledernen Reitmänteln und einem flotten spanischen Reiterhut), nannte sich »John« und lebte (schließlich) mit ihrer weiblichen Partnerin Una Troubridge zusammen. Halls Ruhm als freimütige, selbstbewusste Persönlichkeit und ihre kraftvolle Statur werden in Gemälden und Fotografien gefeiert. Auf diesen ist auch Halls und Troubridges Hunderudel zu sehen, inklusive Billy und Colette. Das Paar liebte es, gemeinsam die legendäre Hundeshow *Crufts* zu besuchen.

Während Hall und Troubridge ihr lesbisches Leben voller Hunde in vollen Zügen genossen, versuchte eine junge Frau namens Monica Still dasselbe. Sie traf Marya Burrel in Hastings, nahe bei Halls Haus im

Krufts

benachbarten Rye. Beide waren 19-jährige Krankenschwestern. Außerdem waren die beiden Liebenden begeistert von Halls Berühmtheit und ihrer fast magischen Nähe und begannen eine geheime Liebschaft miteinander. Mit Reichtum und Privilegien geboren, erlaubte Halls Status ihr, soziale Normen zu ignorieren und ihre Sexualität unter dem Deckmantel der Exzentrizität auszuleben, doch andere, die aus niedrigerem Stand kamen, hatten nicht so viel Glück. In »Quell der Einsamkeit« verliebt sich Stephen, die junge Protagonistin, in Mary, eine ältere Krankenwagenfahrerin im Ersten Weltkrieg, bis das Paar schließlich die Ablehnung einer grausamen Gesellschaft erfährt. In der echten Welt trennten sich Monica und Marya nach einem Jahr der Liebschaft und verloren sich schnell aus den Augen.

Fast 30 Jahre vergingen, bis die wortlose Liebe der Hunde Monica und Marya wieder zusammenbrachte. In den frühen 70ern spielte Monica in einem Fernsehwerbespot für Hundefutter mit. Das Verständnis für Schwule und Lesben in Großbritannien hatte sich verändert und als sie sie auf dem Bildschirm sah, wusste Marya, dass sie wieder Kontakt mit ihrer wahren Liebe aufnehmen musste. Nach drei Jahrzehnten waren sie wiedervereint und besuchten gemeinsam das Grab von Radclyffe Hall auf dem Highgate-Friedhof in London. Sie waren schockiert darüber, in welchem Zustand des Verfalls es sich befand, und starteten einen Spendenaufruf für seine Pflege. Das Paar sammelte tausende Pfund für die Restaurierung und im Jahr 1994 war Monica, im Alter von 71 Jahren, dabei, als ihr Erfolg mit einer inoffiziellen Zeremonie gefeiert wurde. Die beiden hatten die letzten Jahre in Maryas Leben in Wittisham, Kent, verbracht, nicht weit von Rye, wo sie den *Hall Memorial Fund* gründeten. Marya verstarb 1988 mit 63 Jahren.

Hunde spielten auch im Leben von Hall und Troubridge eine schicksalhafte Rolle. Nachdem sie eine Bulldogge gekauft hatten, verbrachte das Paar eine Nacht zusammen in Maidenhead. Als Troubridge zu ihrer Partnerin Lady Batten zurückkehrte, gerieten sie in einen Streit, bei dem Batten in Folge eines Schlaganfalls verstarb. Hall und Troubridge (die zu dieser Zeit bereits eine Affäre miteinander hatten) konnten nun endlich bekanntgeben, dass sie ein Paar waren, und widmeten einen Großteil ihrer Zeit ihren Hunden. Sie besuchten sogar ein Medium, das versuchte, Kontakt mit der Seele eines ihrer verstorbenen Vierbeiner herzustellen. Außerdem posierten sie glücklich mit ihren Lieblingshunden bei allen möglichen gesellschaftlichen Anlässen für Fotos.

Hall hoffte, dass »Quell der Einsamkeit« zu einem »toleranteren Verständnis« für Lesben und schwule Männer führen würde – die sie als »einige der am meisten verfolgten und falschverstandenen Menschen der Welt« beschrieb. Auch wenn es der Zensur unterlag und für einige Zeit verboten war, veränderte das Buch die Leben von Frauen wie Monica und Marya. In »Quell der Einsamkeit« haben die Protagonistinnen Stephen und Mary ihren eigenen Hund, David. Hall beschrieb Davids schwanzwedelnde Liebe für Stephen und gestand dem Hund die Macht zu, in ihr das zu sehen, was andere nicht konnten oder wollten: »dass etwas an ihr queer und nicht greifbar war«.

Nr. 27

TUNA

DER MASSKRUG-GROSSE CHIWEENIE, DER DIE HERZEN SCHMELZEN LÄSST

Wie für so viele von uns war auch für Tuna, den Maßkrug-großen Chiweenie, Selbstakzeptanz etwas, woran er arbeiten musste. Er hat einen ausgeprägten Überbiss, einen zurückgesetzten Kiefer und einen faltigen Nacken. Er ist keine natürliche Schönheit im engeren Sinne. Aber indem er seine kuriosen Merkmale zur Tugend machte, fand er Selbstliebe und Bekanntheit im Internet. Wie seine Besitzerin Courtney Dasher sagt: Er ist der Underdog mit dem Überbiss.

Aber das Leben war nicht immer gut gewesen zu dem Chihuahua-Dackel-Mix. Er war ausgesetzt am Straßenrand in San Diego gefunden worden, wo er mühsam zappelnd auf seinem Bauch herumkroch (sein temporärer Spitzname im Tierheim war »Wormy«, »Würmchen«). Hier kam Dasher ins Spiel, die sich bereiterklärte, den Hund vorübergehend bei sich aufzunehmen – aber, liebe Leserinnen und Leser, sie verliebte sich in ihn und eine Woche später beschloss sie, ihn zu behalten. Das erste Mal auf Instagram tauchte er 2012 auf und sein Foto machte schnell die Runde auf Reddit, wo es zum Meme wurde und Tunas Promi-Status verfestigte. Und wie süß er doch aussieht! Er wurde in allen möglichen Kostümen und cleveren Vignetten abgelichtet und arbeitete bald mit Marken und Magazinen zusammen. Für eine Pressetour reiste er sogar um die Welt (es half, dass Chiweenies sehr anpassungsfähig sind). Ansonsten ist Tuna wie so viele von uns: ein Morgenmuffel, der Glamping liebt und einen besten Kumpel namens Colin hat.

Er gibt jedes Jahr einen Kalender heraus, man kann Tuna als Plüschtier kaufen und für gerade einmal 50 $ nimmt er ein personalisiertes Video auf. Mit Courtney zusammen unterstützt er Wohltätigkeitsvereine wie *PAWS Chicago* und gibt sich Mühe, das Bewusstsein für das Schicksal von Tierheimhunden zu schärfen. Zwei Millionen von uns folgen seinen Eskapaden auf Instagram und verlieben sich immer wieder aufs Neue in seine Lebensfreude. Sie ist groß genug, um Herzen schmelzen zu lassen.

CHIWEENIE
(CHIHUAHUA-
DACKEL-MIX)
1.000.000.000.000

Nr. 28

SWANSEA JACK

DER HELDENHAFTE WALISISCHE RETTER

Kommen wir nun zu Swansea Jack aus Wales, einem ranzig aussehenden Schwarzen Retriever, der gerne am Hafen herumlungert – und einer der meistgeliebten Helden der Nation ist. In den 1930er-Jahren rettete er angeblich atemberaubende 27 Menschen vor dem Ertrinken. Aber wie wurde Jack wieder und wieder zu einem wahren walisischen Helden?

Jack lebte mit seinem Besitzer William Thomas am nördlichen Dock von Swansea. Das Gebiet war zu dieser Zeit verarmt und viele (wenn nicht sogar die meisten) Anwohner konnten nicht schwimmen. Tragischerweise war es nicht selten, dass jemand in der Flussmündungsstadt ertrank, Rufe vom Kai fand Jack besonders interessant. Er war bekannt dafür, ins Wasser zu springen und denjenigen, der in Gefahr war, in Sicherheit zu bringen.

Jacks erster Besitzer war Taulford Davies, aber der Hund machte sich dort schnell unbeliebt, indem er im heimischen Park auf Entenjagd ging. Deshalb zog er bald bei William Thomas ein und lernte als Dockbewohner schnell das Schwimmen. Jack spielte gerne mit einer Gruppe Männern im Wasser und gewöhnte es sich an, sie am Kragen zu packen und zum Ufer zu ziehen.

Der erste, den er wirklich rettete, war ein zwölfjähriger Junge, aber über die Geschichte wurde nicht groß berichtet. Bei seiner zweiten Rettung beobachtete ihn eine kleine Menschenmenge. Bald darauf erschien ein Artikel in der Zeitung »Evening Post« und Jack wurde eine Auszeichnung verliehen. Aber das war noch nicht alles. Im Laufe der Jahre kam Jack 25 weiteren Personen zu Hilfe. Die Auszeichnungen überschlugen sich geradezu, unter anderem wurde ihm 1936 die für den »Mutigsten Hund des Jahres« verliehen. Bis heute erinnert ein lokales Denkmal an ihn und außerdem hat er die Mythologie von Swansea geprägt. Tatsächlich ist »Jack« eine alte Bezeichnung für die Bewohner von Swansea und die Fans des *Swansea City Association* Fußball-Vereins werden »Jack Army« (»Jack-Armee«) genannt. Er ist und bleibt ein wahrer walisischer Held: *Iechyd da*, Jack!

SCHWARZER
RETRIEVER

Nr. 29

BIG BOY BAMSE

DER LEBENSRETTENDE UND SEETÜCHTIGE KRIEGSHELD

Bamse war der Hund eines Kapitäns und verbrachte seine jungen Jahre auf dem norwegischen Walfangschiff »Thorodd«. Die Tochter des Kapitäns, Vigdis Hafto, erinnert sich an Bamses freundliches und sanftes Gemüt und daran, wie er glücklich auf dem Deck herumtapste und spielte. Aber als der Zweite Weltkrieg ausbrach und die Thorodd von der Königlichen Norwegischen Armee eingezogen wurde, fand Bamse eine neue Bestimmung. In den folgenden Jahren wurde Bamse zu einem wahren Kriegshelden.

Der junge Bernhardiner, eine Arbeitshunderasse aus den Alpen, vollbrachte mehrere Heldentaten. Sie reichten vom Beruhigen der Crew im Gefecht (indem er seine massive Pranke auf die Schultern der Soldaten legte) bis hin zur Rettung eines Besatzungsmitglieds vor einer Messerattacke an Land, indem er den Angreifer ins Wasser schubste. Einen weiteren Matrosen bewahrte er sogar vor dem Ertrinken.

Die HNoMS »Thorodd« wurde in Schottland zum Minensuchboot umgerüstet und während seines Aufenthalts dort hielt Bamse die Crew zusammen und fuhr dafür sogar mit dem Bus (er hatte seine eigene Busfahrkarte). Von der Militärbasis aus reiste Bamse nach Dundee, wo er Stammgast in der *Bodega Bar* war (dem Lieblingslokal der norwegischen Matrosen). Falls er die Besatzung der Thorodd dort jedoch nicht antraf, trat er den Heimweg an. Als Schiffsmaskottchen inspirierte Bamse durch seine legendären Taten die Truppen, deshalb dauerte es nicht lange, bis er zum offiziellen Maskottchen der gesamten Freien Norwegischen Streitkräfte während des Zweiten Weltkriegs ernannt wurde.

Wie viele große Hunde verstarb Bamse relativ jung im Alter von sechs oder sieben Jahren und wurde mit allen militärischen Ehren und hunderten Anteilnehmern in Montrose bestattet. Seitdem wurden Bamse alle möglichen posthumen Auszeichnungen verliehen, vom Norwegischen Hundeorden 1984 und der *PDSA Gold Medal* (er ist das einzige Tier aus dem Zweiten Weltkrieg, dem diese Ehre zuteil wurde) bis hin zur Benennung eines Waldes in Cumbria nach seinem Namen (bekannt als Bamses Wald). 2006 wurde in der Montrose Wharf Street eine lebensgroße Bronzestatue von ihm enthüllt. Der Bronzehund schaut hinaus zur See und trägt eine Matrosenmütze, für die Bamse bekannt war. Bei der Zeremonie war auch ein VIP-Gast anwesend: Vigdis Hafto, eine treffliche Zeugin für die unvergängliche Auszeichnung, die ihrem Kindheitshund verliehen wurde.

Nr. 30

BUDDY

DER ERSTE BLINDENHUND DER WELT

Im Jahr 1927 stolperte der Teenager Morris Frank (1908 – 1980) aus Nashville über einen Zeitungsartikel, der sein Leben und das hunderter anderer Menschen mit Sehverlust verändern sollte. Die Kolumne berichtete detailliert über die Arbeit von Dorothy Harrison Eustis (1886 – 1946), eine Amerikanerin, die in der Schweiz Deutsche Schäferhunde als Polizeihunde ausbildete und nun versuchte, sie auch als Blindenhunde für Veteranen des Ersten Weltkriegs einzusetzen. Seit er im Alter von 16 Jahren sein Augenlicht verloren hatte, hatte Frank darüber nachgedacht, ob ein Hund dafür trainiert werden könnte, ihm einen Teil seiner Unabhängigkeit zurückzugeben, deshalb schrieb er einen Brief an Eustis, die Autorin des Artikels.

Sie erklärte sich bereit, ihm zu helfen, und schon bald war Frank auf dem Weg in die Schweiz, um Eustis in ihrer Hundeschule *Fortunate Fields* zu treffen. Monate später kehrte er in die USA zurück – mit dabei war Buddy, eine spritzige Deutsche Schäferhündin. In New York hatten die beiden sogleich einen großen Presseauftritt, bei dem Buddy ihren neuen Besitzer über die geschäftige West Street und den Broadway führte, während eine Menschenmenge erstaunt zusah. Frank sendete Eustis ein

Telegramm, das nur aus einem Wort bestand: »Erfolg«.

Trotz ihres großknochigen und eindrucksvollen Äußeren sind Deutsche Schäferhunde eine unglaublich intelligente, selbstsichere und nahezu furchtlose Rasse, die sich ganz auf ihren Besitzer konzentrieren und dabei jegliche Ablenkung ausblenden kann. Dies macht sie zu perfekten Blindenhunden. Frank und Eustis waren wild entschlossen, ihre Idee auszubauen, um mehr blinden Menschen in Amerika helfen zu können. Ihr Institut *The Seeing Eye* (Das sehende Auge) wurde 1929 gegründet und war die erste Blindenhundeschule in den USA. Zusammenarbeit bringt oft die besten Resultate hervor: Wenn sich Frank nicht bei Eustis gemeldet hätte, hätte es vielleicht nie eine Blindenhundeschule gegeben, und wenn Buddy nicht so um Franks Sicherheit bemüht gewesen wäre, hätte die Idee der Blindenhunde sicher kaum Unterstützer gefunden. Frank, Eustis und Buddy arbeiteten weiter daran, ein Blindenhundeimperium aufzubauen, und setzen sich dafür ein, dass die Hunde in Zügen und Hotels im ganzen Land akzeptiert wurden – und veränderten damit die Leben vieler Männer, Frauen und Hunde für immer.

Nr. 31

DER KLEINE BRAUNE HUND

DER NAMENLOSE STREUNER, DER EIN SYMBOL DES FEMINISMUS WURDE

Es war in vielerlei Hinsicht eine ganz normale Vorlesung. Im Jahr 1903 waren Medizinstudenten dazu angehalten, im holzvertäfelten Hörsaal des *University College* in London Zeugen mehrerer chirurgischer Techniken zu werden. Die sensiblen Gemüter sollten nun wegsehen: Die Verfahren wurden an einem lebenden Hund durchgeführt in einem tödlichen Prozess namens Vivisektion. Viele medizinische Fakultäten nutzten Vivisektion als Lehrmethode, auch wenn es mehr und mehr aus der Mode kam. An diesem Tag verlor ein kleiner brauner Terrier sein Leben, aber etwas an diesem kleinen Streuner hatte die Macht, den Lauf der Geschichte zu verändern.

Im Hörsaal befanden sich die beiden schwedischen Studentinnen Leisa Shartau und Louise Lind-af-Hageby von der Londoner *School of Medicine for Women*. Sie waren beide leidenschaftlich gegen Vivisektion, weshalb sie ihre Eindrücke niederschrieben und an Stephen Coleridge, den Präsidenten der *National Anti-Vivisection Society* (Nationale Gesellschaft gegen Vivisektion), sendeten. Coleridge war entsetzt. Der 1876 verabschiedete *Cruelty to Animals Act* (Gesetz gegen Tierquälerei) hatte es als unrechtmäßig erklärt, ein Tier für mehr als ein Experiment zu missbrauchen, aber es war deutlich zu sehen, dass der Hund schon vorher unter dem Skalpell gelandet war. Schlimmer noch: Shartau und Lind-af-Hageby hatten beobachtet, wie der Hund während der Prozedur gezuckt hatte, weshalb Coleridge darüber besorgt war, dass der Chirurg Dr. William Bayliss den kleinen Terrier nicht ordentlich anästhesiert hatte. Coleridge ging an die Öffentlichkeit, wurde jedoch von Bayliss wegen Verleumdung verklagt – und verlor.

Aber es war bereits zu spät: Die Geschichte hatte die Menschen berührt und

TERRIER

die Anti-Vivisektionsbewegung wurde von der Öffentlichkeit und zahlreichen Prominenten unterstützt (angeblich sogar von Königin Victoria). 1906 wurde eine Statue in Gedenken an den kleinen braunen Hund in Battersea, Südlondon aufgestellt, aber dies trug nicht dazu bei, die Gemüter der städtischen Hundeliebhaber zu beruhigen. Stattdessen verstärkte die Geste die Spannungen zwischen den verfeindeten politischen Gruppen. Anhänger der Pro-Vivisektionsbewegung gingen auf die Straße und die Statue wurde schnell der Fokuspunkt der Proteste, Aufstände und allgemeiner Unanständigkeiten – eine explosive Mischung aus wütenden und angetrunkenen Studenten und Aktivisten, Suffragetten und Radikalen.

Im Kern fanden die Auseinandersetzung zwischen Studenten statt, die sich als Befürworter der Wissenschaft und des Fortschritts sahen, und den Gegnern der Vivisektion. Dabei darf nicht außer Acht gelassen werden, wie sehr die Emotionen auf beiden Seiten hochkochten. Im Dezember 1907 erreichte die Debatte ihren Höhepunkt und der Augenzeuge Edward K. Ford veröffentlichte ein Pamphlet darüber, was sich vor seinen Augen abspielte. Ein Studentenzusammenschluss des *University Colleges* in London, der das Denkmal hasste, ließ seine Wut mit einem Vorschlaghammer daran aus, wobei jedes Mitglied für seine Anstrengung 5 £ vom Magistraten ausbezahlt bekam. Anschließend brannten sie das Bildnis des Gesetzgebers nieder, das sich auf dem Campus befand, und marschierten durch die Stadt. Im Laufe der folgenden Nächte wurden ganze Gruppen an Tiermedizinstudenten festgenommen, die mit Stinkbomben um sich warfen, und mehr als 100 davon wurde vorgeworfen, ein Suffragetten-Treffen in Paddington gestürmt zu haben (es wurde oft angenommen, dass alle Vivisektionsgegner Frauen seien), während die feministische Vorreiterin Millicent Fawcett versuchte, die Eindringlinge zu beruhigen.

Doch der kleine brauen Hund hatte auch Freunde in Battersea, wie Ford berichtete,

wo »die Straßenjungen für die Hunde zum Knüppel greifen«. Doch davon ließen sich die Vivisektionsgegner nicht beirren. Die *National Anti-Vivisection Society* hielt ein geschlossenes Treffen ab, doch die Studenten verschafften sich Zutritt. Als Lind-af-Hageby am Podium stand, um eine Rede zu halten, zündeten sie Feuerwerkskörper an, warfen mit Stinkbomben und stellen sich auf ihre Stühle, um sie »niederzubrüllen«.

Die Kosten der vielen Polizeieinsätze führten dazu, dass das Thema der Vivisektion im Parlament besprochen wurde, aber die Regierung wehrte sich gegen rechtliche Änderungen. Stattdessen ließ sie 1910 in einer Nacht-und-Nebel-Aktion die Statue entfernen, trotz einer 20.000-Unterschriften starken Petition für ihren Schutz.

Nachdem die Medizinethik zum drängendsten Anliegen der Tierliebhaber geworden war, konnte die Bewegung gegen Vivisektion langsam erste Erfolge verbuchen. Durch die Verabschiedung neuer Gesetze im Laufe der Jahrzehnte wurde die Prozedur langsam von einem Studentenspektakel hin zu dunkleren Ecken der wissenschaftlichen Forschung zurückgedrängt. Aber der Kampf ist noch nicht gewonnen. Fast 3,5 Millionen Vivisektionen wurden alleine in Großbritannien im Jahr 2019 an Tieren durchgeführt – und dies gilt seit Jahrzehnten als niedrigste Anzahl an Todesopfern durch Experimente.

Die walisische Autorin Paula S. Owen greift in ihrem Roman »Little Brown Dog« (»Kleiner brauner Hund«) aus dem Jahr 2021 die Geschehnisse auf fiktionaler Ebene wieder auf. Sie sagte darüber: »Die ganze traurige Episode ist ein Echo, ein Spiegel, der die unendliche Ungerechtigkeit und das Böse, das die Menschen anderen Spezies durch die Geschichte hinweg angetan haben, reflektiert.« Als Akt der Hoffnung und als Fortsetzung der Arbeit, die Tierhelden und große Feministinnen und Feministen wie Coleridge, Shartau und Lind-af-Hageby leisten, hofft der Autor, dass das gestohlene Denkmal ersetzt wird, damit man sich noch viele Jahre lang an den kleinen braunen Hund und seine Geschichte erinnert.

Nr. 32

CRACKER JACK

DOLLY PARTONS GELIEBTER STREUNER

UNKLAR

Dolly Partons 13. Studio-Album »Jolene« wurde 1974 veröffentlicht. Obwohl der Titelsong – mittlerweile ein ikonisches Lied über die Ecken und Kanten der Liebe und der Eifersucht – und ihr atemberaubendes »I Will Always Love You« die meiste Aufmerksamkeit auf sich zogen, sollte uns noch ein weiterer Track aufhorchen lassen. »Cracker Jack« ist ein flottes Lied mit melancholischen Zwischentönen, das eine simple Geschichte von vergangenen Zeiten erzählt und dabei eintaucht in die Themen »unconditional love and a different kind of friend« (»bedingungslose Liebe und die etwas andere Art von Freund«). »Cracker Jack« ist eine Ode an einen Streuner, ein Findelkind aus Dollys Jugend: »He wasn't much to look at, but he looked alright to me« (»Er machte nicht viel her, aber für mich war er in Ordnung«).

In der Netflix-Serie »Dolly Partons Herzensgeschichten« geht die Singer-Songwriterin und Multi-Instrumentalistin auf die Inspirationen hinter einigen ihrer bekanntesten und beliebtesten Lieder ein und bestätigt ein für alle Mal, dass es Cracker Jack wirklich gegeben hat. Der Song ist wortwörtlich zu verstehen und erzählt detailliert, wie sie Jack in ihrer Kindheit gefunden hat und wie die beiden sich gegenseitig unterstützten bis zu seinem Ableben: »He only lives in my memories now« (»Heute lebt er nur noch in meiner Erinnerung«).

Für Dolly sind Hunde wahrlich die besten Freunde des Menschen und unsere Beziehung zu den Vierbeinern hat fast etwas Göttliches – vor allem, wenn wir sie vor einem sonst unbekannten und womöglich schlimmen Schicksal gerettet haben. »Es ist kein Zufall, dass (im Englischen) ›dog‹ (›Hund‹) nur ›god‹ (›Gott‹) rückwärts gelesen ist«, erklärt Dolly. Darauf ein »Amen«!

Nr. 33

PINKA

VIRGINIA WOOLFS HÜNDISCHE MUSE

Die britische Wortschmiedin und Anführerin der modernistischen Literaturbewegung Virginia Woolf (1882 – 1941) ist die Autorin einer Fülle von bekannten Klassikern, von »Mrs. Dalloway« und »Die Fahrt zum Leuchtturm« bis hin zu ihrem Werk »Orlando«, das mit Gender-Bending und queeren Themen aufwartet. Eine weitere Publikation Woolfs wird jedoch oft übersehen: das experimentelle und spekulative Fiktionswerk »Flush«. Darin stellt sich Woolf die Welt von Elizabeth Barrett Brownings Cocker Spaniel vor und erforscht – aus der Sicht des Hundes – das Leben der Dichterin. Weniger »Mäuschen spielen« und mehr Hund sozusagen.

Woolf hatte eine Vorliebe für Hunde und ist mit ihnen aufgewachsen. Virginias Kindheitshund war ein struppiger kleiner Terrier namens Shag, der gerne Ratten jagte. Später hieß sie noch andere Hunde in ihrem Rudel willkommen, wie einen Welpen namens Jerry und Gurth, den schwanzlosen Hütehund. Letzterer war Virginias Liebling, auch wenn er offiziell ihrer Schwester Vanessa gehörte. Nachdem Vanessa geheiratet hatte und mitsamt Gurth von zuhause auszog, stürmte Virginia mit ihrem Bruder Adrian nach Battersea, wo sie – nur zwei Jahre nach den Aufständen um den Kleinen braunen Hund – einen Boxer namens Hans aus dem Tierheim holten.

Nach ihrer Hochzeit mit dem Schriftsteller Leonard Woolf genoss das Paar die Gesellschaft eines Spaniels namens Tinker (der davonlief) und anschließend des Terriers Grizzle, der sie auf ihren Spaziergängen durch die hügelige Landschaft der Sussex Downs begleitete. Aber es war Pinka, eine reinrassige schwarze Cocker Spaniel-Hündin (und ein Geschenk ihrer Liebhaberin und Freundin Vita Sackville-West), die ihr Herz wirklich eroberte. Die beiden Frauen drücken ihre Liebe bekannterweise durch hunderte poetische, ausschweifende und herzerwärmend erotische Briefe aus und Pinka – geboren von Pippin, Vitas eigener geliebter Hündin – war ein lebendiger Liebesbrief an ihre 'Ginia. Ihre Beziehung war so etwas wie ein offenes Geheimnis in den gehobenen sozialen Kreisen, in denen sich Virginia und Vita bewegten – und inspirierte das zuvor bereits erwähnte Werk »Orlando«. Aber es waren ihre Hunde, durch die die beiden Frauen eine tiefergehende Verbindung zueinander fanden. Pinka und Pippin waren die Verkörperungen der Liebe zwischen den beiden Frauen.

COCKER SPANIEL

Nr. 34

JOFI

SIGMUND FREUDS HUNDE-PSYCHOLOGE

CHOW-CHOW

Lehnen Sie sich zurück, atmen Sie tief ein und erzählen Sie Jofi, dem pummeligen kleinen Chow-Chow, was Sie wirklich quält …

In den späten 1880ern machte sich der junge Neurologe und Begründer der Psychoanalyse Dr. Sigmund Freud einen Namen in Wien. Patienten suchten ihn in seinem Sprechzimmer auf, legten sich auf seiner Couch nieder und entblößten durch eine Methode namens freie Assoziation ihre Seele vor dem bärtigen Doktor.

Freuds Tochter Anna hatte einen hübschen Deutschen Schäferhund namens Wolf. Ihr Vater, zu dieser Zeit bereits in seinen 70ern, war sehr angetan von ihm. »Ich behaupte immer, dass er sein ganzes Interesse an mir auf Wolf übertragen hat«, schrieb Anna. Aber es war Freuds eigener Hund Jofi, ein etwas übergewichtiger Chow-Chow, dem Freuds Herz gehörte. In den sieben Jahren, die sie zusammenlebten, waren sie unzertrennlich. »Ich vermisse sie nun fast ebenso sehr wie meine Zigarre«, schrieb er. »Sie ist ein charmantes Geschöpf, so interessant in ihren weiblichen Merkmalen, wild, impulsiv, intelligent und doch nicht so abhängig, wie Hunde es oft sind.«

Freud glaubte, dass Hunde einen beruhigenden Einfluss auf Menschen haben (neueste Experimente scheinen dies tatsächlich zu belegen), und bemerkte, dass sie in der Lage sind, die emotionale Verfassung der Personen einzuordnen. Als Beisitzer in Freuds Therapiestunden lag Jofi neben den Patienten, solange diese entspannt waren. Fühlten sie sich ängstlich oder gestresst, trottete sie davon. Ein Gähnen oder Strecken deutete an, dass die Sitzung zu Ende war, wodurch sie Freud beim Einhalten seines Zeitplans unterstützte. Als Jofi 1937 verstarb, schrieb Freud seinem Freund, dem deutschen Schriftsteller Arnold Zweig: »Abgesehen von der Trauer ist es sehr unwirklich und man fragt sich, wann man sich daran gewöhnen wird.«

Nr. 35

LITTLE MISS LOUBOUTINA

DER HUND, DER ALLE UMARMT

Auch wenn zahlreiche Liebeskomödien in New York City spielen, ist es trotzdem einer der letzten Orte auf der Welt, an dem man eine spontane Umarmung erwarten würde. Tatsächlich haben die meisten New Yorker einfach keine Zeit für Nettigkeiten wie Augenkontakt, ein Lächeln oder um irgendetwas anderes kundzutun als: »Ernsthaft? Geh mir gefälligst aus dem Weg!« Hier kommt Louboutina ins Spiel, die golden schimmernde, lächelnde Golden Retriever-Hündin und Liebesmaschine, die all dies ändern möchte, eine Umarmung nach der anderen.

Als Louboutina – Spitzname Loubie – ihren neuen Menschen sah, den peruanischen Dolmetscher César Fernández-Chavéz, war sie auf der Stelle verliebt. Ein Freund hatte César, der unter einer Trennung litt, vorgeschlagen, sich einen Welpen zu holen, und schon beim ersten Aufeinandertreffen waren sie innerhalb einer New Yorker Minute wie Pech und Schwefel. Hunde bitten ihren Menschen oft um Körperkontakt, wenn sie sich unwohl fühlen – vielleicht legen sie ihm eine Pfote auf den Fuß oder drücken ihren Rumpf leicht gegen sein Bein. Loubie, die die gehobeneren Bürgersteige von Chelsea und Gramercy erkundeten durfte, bat César darum, ihre Pfote zu halten. Vielleicht trugen die positiven Reaktionen der Umstehenden (die dies unglaublich niedlich fanden) dazu bei, dass aus Loubies Pfötchenhalten 2015 eine Umarmung wurde. Schnell entwickelte sie sich zur Lokalheldin und zum Instagram-Promi und posiert heute regelmäßig in ihrer Nachbarschaft für Selfies mit Touristen – und sogar hartherzigen einheimischen New Yorkern –, die für eine Umarmung vorbeikommen. Das Paar hat zusammen schon viel durchgemacht und ist sogar nur knapp einem Hausbrand entkommen, weshalb ihre Bindung unbestreitbar stark ist. »Sie ist eine richtige New Yorker City-Diva«, verkündet César stolz. »Sie weiß, dass Papa alles für sie tun würde.«

GOLDEN
RETRIEVER

Nr. 36

BASKET

UND DIE HUNDE VON STEIN UND TOKLAS

Die Amerikanische Autorin, Romanschriftstellerin, Dramatikerin (und Trägerin der strengsten Frisur, die die Welt je gesehen hat) Gertrude Stein (1874 – 1946) herrschte über die Pariser Literaturgesellschaft. Mit ihrer Partnerin Alice B. Toklas hielt sie in ihrer Wohnung Gericht und urteilte mit glühender Kritik über die intellektuellen Ideen des Europas der Mitte des Jahrhunderts. Zudem unterhielt sie die angesehensten Künstler und Schriftsteller ihrer Tage, von Pablo Picasso bis Ernest Hemingway und von F. Scott Fitzgerald bis Henri Matisse. Eine unpassende Bemerkung von Stein konnte die Reputation eines unsicheren Künstlers festigen oder zerstören. Aber es gab ein Element im Zusammenleben von Stein und Toklas, das nicht angezweifelt werden konnte: ihre Liebe zu Hunden.

In ihrem Apartment – das gefüllt war mit Gourmet-Essen, exzellentem Wein, Künstlern und Autoren – flitzte eine ganze Menagerie an Hunden umher. Da gab es Polpe, den Hund, der Blumen liebte, Byron und Pepe, die Sex-versessenen Chihuahuas, und den Rudelführer Basket. Der stattliche Pudel (später abgelöst von Basket II.) war Steins Liebling. Der erste Basket war auf einer Hundeausstellung in Paris gekauft worden, da Toklas ihm beibringen wollte, einen Blumenkorb im Maul zu tragen (ein Ziel, das nie erreicht wurde). Stein sorgte dafür, dass Basket jeden Tag gebadet wurde, wobei auch die Besucher mit eingebunden wurden – der Komponist Paul Bowles erinnerte sich daran, dass er einen nassen Basket zum Trocknen durch den Garten jagen musste (während Stein ihm vom Fenster aus aufmunternde Worte zurief). Basket wurde auch in Portraitshootings der Fotografiegrößen Cecil Beaton und Man Ray eingebunden. Als er 1937 starb, zog Basket II. ein.

Stein und Toklas, die sich beide brillant allen gesellschaftlichen Normen widersetzten, lebten ihr Leben genau nach ihren Vorstellungen. Und sie taten dies mit solch einem Selbstvertrauen, dass niemand es wagte, die beiden lesbischen Hundefanatiker in den 1930er-Jahren schief anzuschauen. Außerdem scheinen die Hunde für Stein eine große Inspirationsquelle gewesen zu sein. Toklas schrieb: »Basket, ein großer, schwerfälliger weißer Pudel, springt immer noch in Gertrudes Schoß und macht es sich dort gemütlich. Sie sagte einmal, dass der Rhythmus seines Wasser-Schlabberns dazu führte, dass sie den Unterschied zwischen Sätzen und Paragraphen verstand, nämlich dass Paragraphen emotional sind und Sätze nicht.«

PUDEL

Nr. 37

RIN TIN TIN

DER UNSTERBLICHE SUPERSTAR

Der Hollywood-Filmstar, die Kriegsüberlebende und – genauso wie die Freiheitsstatue – Französin Rin Tin Tin hat sich ihren festen Platz in der amerikanischen Popkultur verdient. Die schöne Deutsche Schäferhündin wurde im Ersten Weltkrieg auf dem Schlachtfeld der Franzosen gefunden und später durch Film und Literatur unsterblich gemacht: als mutige Einzelgängerin und Außenseiterheldin, die sich in der Welt aus eigener Kraft durchsetzen musste – ein Symbol des amerikanischen Selbstbilds.

US-Unteroffizier Lee Duncan rettete eine arme Deutsche Schäferhündin und ihre Welpen aus einem kleinen französischen Dorf, das von Fliegerbomben getroffen worden war. Er kümmerte sich um die Tiere und schmuggelte im Jahr 1919 zwei von ihnen – Rin Tin Tin und Nanette – auf ein Schiff in Richtung USA. Traurigerweise verstarb Nanette, aber Duncan wurde eine andere Hündin der Rasse Deutscher Schäferhund geschenkt (Nanette II.) und so siedelte sich die seltsame Familie in Los Angeles an.

Duncan war sich sicher, dass Rin Tin Tin das Zeug zum Star hatte, und tatsächlich wurde sie schnell zum aufsteigenden Stern. Ihr erster Film war »Der blinde Wolf« (1922), in dem sie sehr überzeugend einen Wolf spielte, aber der Durchbruch gelang ihr mit »Der Hund von Karibu« (1923). Es folgten zahlreiche weitere Kassenschlager sowie lukrative Sponsorendeals. Rin Tin Tins Tod im Jahr 1932 war eine Neuigkeit, die eines »Wir unterbrechen diese Sendung« würdig war. Doch der Mythos Rin Tin Tin lebte weiter, verkörpert durch die großen Nachfolger der Hündin und befeuert durch Duncan. Dessen Mühen, um Tins Promi-Status zu erhalten, sind im vergnüglichen Buch »Rin Tin Tin: The Life and the Legend« (»Rin Tin Tin: Das Leben und die Legende«) von Autorin und Journalistin Susan Orlean aus dem Jahr 2012 festgehalten. Wie Orlean so schön schrieb: »Er war der Meinung, sein Hund sei unsterblich.«

Nr. 38

FIDO

ITALIENS TREUESTER KLEINER MISCHLING

Stellen wir uns einmal folgende Szene vor: Borgo San Lorenzo in Florenz, 1941. Carlo Soriani, ein Ziegelbrenner mit einem großen Herzen, ist nach einem harten Arbeitstag auf dem Nachhauseweg. Da hört er das unmissverständliche Jaulen eines Hundes und findet am Straßenrand einen verletzten Welpen mit weißem Fell und dunklen Flecken. Er nimmt den Welpen mit nach Hause und pflegt ihn zusammen mit seiner Frau gesund. Er und der Hund werden unzertrennlich und Carlo nennt seinen neuen Freund Fido.

Carlo und Fido hatten eine gemeinsame Routine: Jeden Morgen gingen sie zusammen zur Bushaltestelle und während Carlo seiner Arbeit in einer nahegelegenen Fabrik nachging, erkundete Fido das Dorf, bis sein bester Freund abends zurückkam. Borgo San Lorenzo war eine kleine Gemeinde, weshalb die Sorianis und Fido wohlbekannt waren. Als Carlo eines Tages im Jahr 1943 wie gewohnt zur Arbeit ging, warfen die Alliierten über der Fabrik Bomben ab und er starb durch die Explosion. An diesem Abend wartete der kleine Hund vergeblich an der Bushaltestelle auf seinen besten Freund.

Fido – was »treu« bedeutet, vom Lateinischen *fidus* – ist ein archetypischer Hundename und auch wenn er in jüngster Zeit aus der Mode gekommen ist, war es einst der häufigste Name, den italienische Hundeliebhaber vergaben. Hätte man damals im alten Rom seine Toga gerafft und wäre die Straßen entlanggewandert, hätte sicher ein Fido – oder auch drei – an jeder Sandale geschnüffelt. Wie sich herausstellte, war es auch ein äußerst trefflicher Name für den Fido aus unserer Geschichte. Carlos Hund wartete und wartete, jeden Abend kehrte er zurück, um nach Carlo zu suchen – 14 Jahre lang. Als Fido 1958 starb, war er in ganz Italien bekannt und sein Nachruf erschien auf dem Titelblatt der Zeitungen. *Vale* Fido, einer der treuesten kleinen Hunde der Welt.

fido

Nr. 39

FOX, BALTO & TOGO

DAS RENNEN GEGEN DIE PANDEMIE

Sibirische Huskys sind die leichtesten und schnellsten Arbeitshunde mit dichtem Deckhaar und warmer Unterwolle, mandelförmigen Augen und der spannenden Angewohnheit, Bellen zu vermeiden und stattdessen ein trauriges und dringliches Geheul auszustoßen. Doch trotz ihrer Kraft und des wölfischen Äußeren sind sie ruhig, friedliebend und anhänglich. Sie können zudem schier unendliche Strecken zurücklegen und in halsbrecherischem Tempo über Eisfelder jagen – kurzum: Sie sind nicht aufzuhalten.

Im Jahr 1908 kam Gunnar Kaasen (1882 – 1960) angelockt vom Goldrausch in die USA. Er ließ sich in der alaskischen Hafenstadt Nome nieder, die vom späten Herbst bis in den späten Frühling, wenn das Meer zufriert, von der Außenwelt abgeschnitten ist. Kaasen entdeckte schnell sein Talent fürs Mushen – das Lenken von hundegezogenen Schlitten durch Schnee und Eis. Siedler wie Kaasen und die Amerikaner vor ihm teilten sich Nome mit den Inupiat, den indigenen Völkern der Region. Im Jahr 1925 erschütterte ein Diphterie-Ausbruch

Balto
Togo
Fox

die Stadt und beide Gemeinschaften. Ohne einen Impfstoff, der sie schützen konnte, waren Nome und seine Einwohner – allen voran die Kinder der Inupiat – in Lebensgefahr. Die Zug- und Straßenverbindungen waren blockiert und reichten zudem nicht so weit nach Norden, als dass Nome auf diesen Wegen hätte erreicht werden können, und Flugzeuge konnten aufgrund des schlechten Wetters nicht abheben. Der Gouverneur von Alaska schickte einen Metallzylinder mit 300.000 Impfdosen via Zug von Anchorage nach Nenana. Nenana war so nah an Nome wie möglich, lag jedoch immer noch mehr als 670 Meilen weit von Kaasens Heimatort entfernt, getrennt entlang des Iditarod-Trails durch gefrorene Gewässer und tödliche Blizzards.

Der Zug wurde in Nenana von der Musher-Legende Leonhard Seppala erwartet, dessen Team aus Sibirischen Huskys von seinem geliebten Hund Togo angeführt wurde. Nachdem Seppala und sein Rudel losgezogen waren, hinein in Schnee und Eis, erreichte die Geschichte auch die Presse. Nationale Radiosender und Zeitungen drücken ihre Besorgnis darüber aus, ob der Musher und der Impfstoff Nome erreichen würden, dessen Einwohner nach und nach der Krankheit erlagen. Was Seppala, der geplant hatte, die komplette Strecke selbst zurückzulegen, nicht wusste: Eine ganze Staffel, bestehend aus 20 Mushern und 150 Hunden, hatte sich entlang der Route aufgestellt und auch Kaasen war mit von der Partie und hatte einen Platz auf der vorletzten Etappe der Reise eingenommen.

In Kaasens Team aus 13 Sibirischen Huskys gab es zwei besonders hervorragende Hunde, nämlich Fox und Balto. Nachdem das Serum in Bluff an Kaasen übergeben worden war, stürmten seine Hunde los und hetzten durch die Nacht, um den letzten Staffelpunkt zu erreichen.

Es war ein schwieriges Unterfangen: Viele der anderen Musher erlitten Erfrierungen oder brachen unterwegs im Eis ein und mehrere Hunde kam auf der Strecke ums Leben. Kaasen geriet in einen Blizzard, die Sicht war so schlecht, dass er die Hunde vor sich nicht mehr sehen konnte, und als sein Schlitten umkippte, verlor er fast seine kostbare Fracht. Doch er erreichte den Relaispunkt sogar schneller als geplant und da er den nächsten Musher schlafend vorfand, legte er auch noch die letzten 25 Meilen zurück, während Fox und Balto sein Rudel unermüdlich durch die gefrorene Tundra hinweg anführten. So konnte der Impfstoff rechtzeitig übergeben und Nome gerettet werden!

Die Musher und ihre Hunde wurden zu Nationalhelden, aber es war Kaasen, der wahren Celebrity-Status erreichte. Im Laufe der folgenden Jahre wurden jedoch überall in den Vereinigten Staaten Statuen von Balto aufgestellt (sehr zum Missfallen einiger Historiker, die lieber Fox und Togo im Rampenlicht gesehen hätten). Der Heldenmut der Musher und ihrer Hunde wurde von den Kritikern jedoch nie angezweifelt. Die 150 Sibirischen Huskys retteten die Leben hunderter Alaskaner, indem sie schlichtweg unaufhaltsam waren.

Nr. 40

BIG BARRY

DER HELD DER BERGRETTUNG

Barry ist der Schweizer Actionheld, der mehr Menschenleben gerettet hat als irgendein anderer Hund. Man geht davon aus, dass sich der lebhafte Bernhardiner zwischen 1800 und 1814 rund 40 unglücklichen Seelen angenommen hat, die sich in den tückischen, gefrorenen Klüften der Alpen verlaufen hatten, darunter ein Junge, den er in einer Eishöhle fand und auf seinem Rücken in Sicherheit trug … so zumindest die Legende.

Barry war der Primus des tausendjährigen Hospizes auf dem Grossen St. Bernhard, eines magisch anmutenden, uralten Klosters, das am Pass des gefährlichen Grossen St. Bernhard aufragt. Dieser verbindet Martigny in der Schweiz mit Aosta in Italien. Das Hospiz samt seiner Staffel heldenhafter Hunde ist berühmt dafür, seit mehr als eintausend Jahren Bernhardiner zu züchten und Reisenden Verpflegung und Unterkunft zu gewähren. Einigen Schätzungen nach sollen das Hospiz und die Hunde mehr als 2000 Leben gerettet haben.

In früherer Zeit war der Pass ein gesetzloser Ort, an dem ruchlose Schurken lauerten. Aber im Wilden Westen der Alpen gab es noch mehr Gefahren als nur überfallen zu werden: Das Wetter war unvorhersehbar und im Winter konnten Schneestürme schnell tödlich enden. Aus diesem Grund ließ die heilige Figur dieser Geschichte, der Mönch Bernhard von Menthon, im 10. Jahrhundert eine Unterkunft auf dem Pass errichten, um Pilger auf ihrem Weg nach Rom zu unterstützen. Nicht zufrieden damit, nur ein Kloster gegründet zu haben, bekämpfte und fing er außerdem den

Teufel (dessen Ärger darüber man aus den höllischen Schneestürmen dieser Region ableiten kann).

Hunderte Jahre später begannen Bernhards Mönche damit, ihre eigenen auf Bergrettungen spezialisierten Hunde zu züchten, indem sie die lokalen großgezüchteten Kuhhirtenhunde, zähe, Wagen ziehende Mastiffs, Mischlinge und weitere geeignete Exemplare miteinander kreuzten, bis sie den perfekten Bernhardiner schufen. Die Hunde wurden schnell berühmt für ihre alpinen Fähigkeiten. Sie halfen sogar Napoleons Truppen dabei, die Berge zu überqueren, wobei das Hospiz einen Bed & Breakfast-Service bereitstellte (jedoch ohne eigenes Badezimmer). Die Hunde führten jeweils eine Gruppe von Soldaten oder Reisenden, wobei sie mit ihrem Gewicht den Schnee festdrückten und einen Pfad freiräumten, während ihr außerordentlicher Geruchssinn potentielle menschliche Schurken erschnüffelte, die einen Hinterhalt planten.

Dieselbe Fähigkeit setzen die Bernhardiner auch ein, um die Verlorenen und fast Erfrorenen zu finden, und Barry – der kleiner, leichter und agiler war als die anderen Hunde – hatte die höchste Erfolgsrate. Es mag Wunschdenken sein, aber Historiker können sich auf ungefähr 40 Menschen einigen, die Barry wie durch ein Wunder gerettet hat. Auch wenn Bernhardiner oft mit einem Brandy-Fässchen um den Hals dargestellt werden, trug Barry wahrscheinlich eher Satteltaschen mit Brot und Wasser.

Wie bei allen heroischen Fabeln ist die Geschichte von Barrys Ableben wahrscheinlich mehr Fiktion als Fakt. Jahrelang hielt sich hartnäckig die Legende von einem ohnmächtigen Soldaten, der von Barrys heilender Zunge aufgeweckt wurde und ihn für einen Wolf hielt. Daraufhin soll er ihm ein Messer ins Herz getrieben haben. Es scheint sich dabei jedoch um einen urbanen – oder alpinen – Mythos zu handeln und die wahre Geschichte ist viel freundlicher. Barry ging in Bern in Rente, hundert Meilen weit entfernt vom Hospiz, und verstarb friedlich im Jahr 1812, rund gefressen und mit grauen Haaren.

Bis 1820 war Barrys Zuchtlinie fast ausgestorben und der heutige Bernhardiner, der eine Mischung aus Barrys Linie und der Rasse Neufundländer ist, ist eine liebenswerte Variante des Originals, aber ohne dessen Stärke und Ausdauer. Im Hospiz werden heute keine Bernhardiner mehr gezüchtet, aber die nahegelegene *Fondation Barry* erhält die Erinnerung an den heldenhaften Hund am Leben, indem sie ein paar Bernhardiner aufzieht. Einige davon werden in der Therapie eingesetzt oder als Begrüßungskomitee für Besucher des Museums in Martigny und andere genießen ihre Sommerferien in der Umgebung des Hospizes, wo sie fröhlich herumtollen. Jedes Jahr nehmen sie die Reise durch den Pass am Grossen St. Bernhard und hinauf zu den alten Klöstern auf sich, genau wie Barry es einst getan hat vor all diesen Jahren.

Nr. 41

JELLO

EINE HERZZERREISSENDE WAHRE GESCHICHTE

LABRADOR-
MASTIFF-MIX

Wenn die Liebe eines Hundes stark ist, ist es dann wirklich wichtig, ob er überhaupt existiert hat? Das ist das Rätsel um Jello, den meistgeliebten fiktionalen Hund der Welt. Er ist die herzzerreißende Schöpfung des Autors und Ex-Ranchers Fred Gipson, dessen Coming of Age-Geschichte »Sein Freund Jello« (1956) die glücklichen Zufälle und Schicksalsschläge eines »schmuddelig gelben« Streuners darstellt, der in den USA der Nachbürgerkriegszeit lebte und eine Beziehung zum Jungen Travis aufbaute. Aber die meisten kennen Jello aus der Disney-Verfilmung von 1957, die ebenfalls von Gipson geschrieben wurde und in der der titelgebende Hund von einem Labrador-Mastiff-Mix gespielt wird. Sowohl das Buch als auch der Film zeigen, wie Jello Teil der Familie Coates wird, und außerdem seine heldenhaften Taten und dieselbe herzzerreißende Todesszene, die Leser seit Jahrzehnten nicht mehr loslässt. Beruht »Sein Freund Jello« auf einer wahren Geschichte? Gipsons Roman ist ganz klar Fiktion, aber in Kindheitstagen hatte der Autor eine enge Bindung zu einem Border Collie namens Rattler. Man geht davon aus, dass dieser den Schriftsteller zumindest in Teilen zu seinem Werk inspiriert hat. Kunstwerke, die die Beziehung zwischen einem Kind und seinem Hund zum Thema haben, sind unvermeidbar von Traurigkeit geprägt: In diesen Geschichten haben die Menschen und Tiere eine einzigartige und mächtige Verbindung und das ist etwas, das Erwachsene nur schwer nachvollziehen können. Dem Tod eines Haustiers wird die Bedeutung eines Übergangsritus zugeschrieben, doch der Hund ist nicht nur ein Stellvertreter dafür, wie wir uns fühlen würden, wenn ein Mensch stirbt, sondern hat seinen ganz eigenen, besonderen Schmerz. Wahr oder nicht, »Sein Freund Jello« erzählt von Verlust, Liebe und Trauer. Es ist also kein Wunder, dass sich die Geschichte so lange hält.

Nr. 42

SNUPPY

DER ERSTE GEKLONTE HUND

Mit seinen langen Beinen, dem glänzenden vollen Haar und den bezaubernd vollen Wimpern ist der Afghane das Topmodel der Hundewelt und Snuppy war keine Ausnahme. 2005 in Seoul geboren, war Snuppy der perfekte Vertreter seiner Rasse. Mit seinem lackschwarzen Fell und den kunstvoll geformten rostroten Augenbrauen stach er aus der Hundemeute hervor, fast so, als wäre er von einem eigenwilligen Wissenschaftler erdacht worden – und auf gewisse Art und Weise war er das auch. Snuppy war ein Klon.

Die *Seoul National University* (SNU) ist einer der Vorreiter im Bereich der Genforschung und der umstrittene Professor Woo Suk Hwang überwachte Snuppys Entwicklung. Jahre des Experimentierens und Millionen von Dollar flossen in seine Entstehung mit ein, die durch somatischen Zellkerntransfer erreicht wurde. Hwang und sein Team extrahierten die DNA eines Hundes und injizierten sie in die Eizelle eines anderen, aus der die ursprüngliche DNA zuvor entfernt worden war. Aus dieser einen Eizelle entstanden mehrere geklonte Embryos. Mehr als 1000 wurden 123 Hündinnen eingepflanzt, aber nach einer Handvoll erfolgreicher Schwangerschaften überlebte nur ein einzelner Welpe.

Trotzdem war es ein großer Erfolg und bei einer Pressekonferenz im Freien konnte der neugeborene Snuppy beobachtet werden (sein Name ist ein Kofferwort aus »SNU« und »puppy«, also »Welpe«), wie

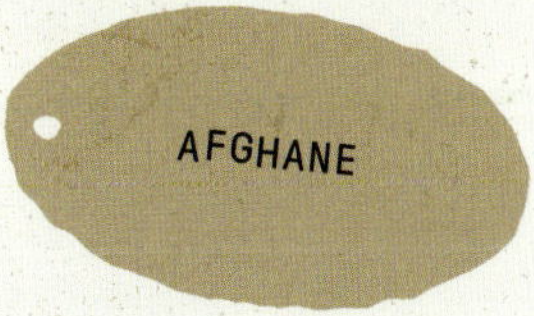

er über den Rasen rannte, während sein prächtiges Afghanen-Haar im Wind wehte, bevor er unter den bewundernden Blicken der Journalisten von Hwang hochgehoben wurde. Der junge Hund wurde sofort zum Star der Wissenschaftszeitungen.

Natürlich war Snuppy nicht der erste Klon. Vor ihm stolperten schon Mäuse, Kaninchen, Schweine, eine Kuh und ein Schaf namens Dolly in die Welt. Aber was sind die Prinzipien des Hundeklonens und was ist mit den vielen gescheiterten Versuchen im Vorfeld? Hwangs Forschung verfestigte die kontroverse Spaltung zwischen Medizinethik und Tierrechten, denn es können große medizinische Fortschritte erreicht werden, aber oft auf Kosten unserer tierischen Freunde. Nach Hwangs Tod im Jahr 2015 klonte sein Team noch weitere Afghanen aus Snuppys DNA – Klone eines Klons sozusagen – und ein anderer Hund, ein Beagle namens Tegan, leuchtete besorgniserregender Weise sogar im Dunkeln.

Snuppy war vielleicht der erste Hundeklon, aber sicher nicht der letzte. Die Technologie ist nun auch für Tierbesitzer zugänglich, die ihren geliebten Vierbeiner reproduzieren möchten, wenn auch zu einem horrenden Preis – Barbra Streisand hat erst kürzlich ihre Hündin Samantha klonen lassen. Und da unsere Liebe zu unseren Hunden niemals schwindet, scheint es, als würden wir alles tun, um unsere Lieblingstiere für immer in unserem Leben zu haben – egal ob sie dann im Dunkeln leuchten oder nicht.

Nr. 43

PEPS

ZUGABE FÜR WAGNERS HÜNDISCHEN HILFSKOMPONISTEN

Der legendäre Komponist Richard Wagner (1813 – 1883) war ein Titan der Romantik, der eine einflussreiche Auswahl an Werken schuf, die bis zum heutigen Tag erklingen. Er ist der Erschaffer vielschichtiger und schmerzlich dramatischer Werke wie »Ritt der Walküren« (heute ist die Partitur vielleicht eher dafür bekannt, dass sie in einer Szene in Francis Ford Coppolas epischem Vietnamkriegsfilm »Apokalypse Now« aus einem Helikopter heraus dröhnt).

Wagners Talent wurde durch zahlreiche Faktoren geprägt. Wagners Mutter und Geschwister lebten viele Jahre lang mit dem Schauspieler und Dramatiker Ludwig Geyer zusammen, der die Liebe zur Musik im jungen Wagner entfachte. Der Komponist war zudem sehr angetan von Beethoven und ließ sich von seinen Werken inspirieren. Laut seiner Biografie wurde in ihm ein »engelsgleiches Feuer« entfacht, als er einen Auftritt der Sopranistin Wilhelmine Schröder-Devrient besuchte.

Eine der größten Inspirationsquellen in Wagners Leben war unbestreitbar seine Liebe zu Hunden. Er und seine Partnerin Minna Planer hatten einen Neufundländer – eine gewaltige und entzückend sabbernde Rasse – namens Robber, aber es war ihr Cavalier King Charles Spaniel Peps, der die erste Geige spielte. Wagner stellte fest, dass Peps Musik zu würdigen wusste. Er reagierte unterschiedlich auf verschiedene Tastenanschläge und heulte sogar, wenn ihm ein neues Stück nicht zusagte. Wagner, so sagt man, gab viel auf Peps Meinung und ließ sie in seine Werke mit einfließen. Der Komponist brachte von seinen Reisen Geschenke für seinen Haushalt mit und vergaß Peps dabei nie. Das Paar stand sich so nahe, dass Wagner, als Peps krank wurde, nicht von seiner Seite wich und das Komponieren neuer Stücke aufschob, um stattdessen mehr Zeit mit ihm verbringen zu können. Nachdem Peps verstorben war, war Wagners Herz gebrochen. Er schrieb seinem Freund, dass Peps »in meinen Armen verstorben ist«, und sagte über sich selbst: »[Ich habe] viel geweint und seitdem fühle ich bitteren Schmerz und Kummer für [meinen] lieben Freund der letzten dreizehn Jahre«. Egal wie groß der Einfluss des kleinen Hundes auf die Werke des großen Komponisten tatsächlich war, eine Sache ist sicher: Peps wedelnde Rute war der Taktstock für Wagners Leben.

CAVALIER KING
CHARLES SPANIEL

Nr. 44

OWNEY

DER POSTBOTE AUF VIER PFOTEN

Man sagt, dass Postboten die Erzfeinde der Hunde sind. Es gibt Geschichten von Beißereien an der Haustür, unglücklichen Verletzungen und siegreich auf der Fußmatte zerrissener Post. Dies könnte eine mögliche Erklärung für die uralte Fehde sein: Der Postbote muss sich berufsbedingt dem Heim des Hundes nähern und dann schnell wieder weiterziehen. Aus Sicht des Hundes, der den Eindringling anbellt, wurde der Feind erfolgreich vertrieben. Der Hund hat also eine sichere Methode gelernt, um sein Zuhause zu beschützen.

Aber es war nicht immer so. Tatsächlich hatte der *US Railway Mail Service* (RMS) sogar ein inoffizielles Hundemaskottchen, nämlich Owney, einen kleinen und etwas schäbig aussehenden Terrier-Mix. 1888 besuchte Owney regelmäßig das Postamt in Albany, New York. Vielleicht war sein Besitzer ein Postbeamter gewesen, jedenfalls baute Owney schnell Beziehungen zu den anderen Postboten vor Ort auf und entwickelte eine regelrechte Obsession auf die Postsäcke und ihre unzähligen Düfte und Gerüche. Er fing an, die Säcke bis in die Postwagen hinein zu verfolgen und dann – verwirrender Weise – sogar bis in die Postzüge. Von da an reiste Owney mit dem *Railway Mail Service* zusammen durch die Staaten.

Die Geschichte des kleinen Hundes verbreitete sich wie ein Lauffeuer im RMS und wenn sie Owney begegneten, hefteten die Postbeamten kleine metallene Marken und Medaillen an sein Halsband, um seinen Besuch zu kennzeichnen. Schnell hatte sich Owneys Berühmtheit weit verbreitet und im Jahr 1895 schickte ihn der Postmeister von Tacoma, Washington, auf Weltreise, um für den neuen Weltpostverein zu werben. Owney fuhr mit seinen geliebten Postsäcken zusammen in Zügen und auf Dampfschiffen nach Europa, in den Mittleren Osten und sogar nach Asien, bis er nach mehr als 100 Tagen wieder in die USA zurückkam. Nach seinem Tod im Jahr 1897 wurde sein ausgestopfter Körper 1911 an das *Smithsonian Institut* übergeben und ist nun im *National Post Office Museum* ausgestellt. 2011 erschien sogar eine Briefmarke mit Owneys Bild – ein passender Tribut an den Post-liebenden Hund.

TERRIER-
MIX

Nr. 45

DIAMOND

SIR ISAAC NEWTONS HUND – EIN WAHRER EIGENBRÖTLER

ZWERGSPITZ

Der legendäre Physiker Sir Isaac Newton hatte zahlreiche Leidenschaften: Mathematik, Astronomie, Teleskope, die Gesetze der Schwerkraft, fallende Äpfel ... und seine große Liebe, einen Hund namens Diamond. Aber mit der Versteigerung dreier Seiten von Newtons wertvollstem Werk, das in die 1680er datiert wird, im Jahr 2020 kam eine Geschichte ans Licht, die vermuten lässt, dass seine Beziehung mit Diamond auf feurigste Art und Weise in Frage gestellt worden war. Die Papiere – in denen es um Newtons Faszination für das alte Ägypten, um Geheimcodes in den Maßen der Pyramiden und um den Zeitpunkt der Apokalypse geht – sind großflächig angekokelt. Der Grund dafür? Der kleine Hund Diamond – so zumindest der Mythos.

In J. B. Biots »Life of Sir Isaac Newton« (»Das Leben von Sir Isaac Newton«) aus dem Jahr 1833 erzählt der Autor, wie Newton eines Morgens aus der Kirche zurückkam und eine Kerze vorfand, die Diamond umgestoßen und die seine Papiere in Brand gesteckt hatte. Zwei Jahrzehnte der Notizen und Experimente waren vom Feuer zerstört, einige davon unwiederbringlich. Laut Biot soll Newton ausgerufen haben: »Oh, Diamond! Diamond! Du weißt gar nicht, welch Unheil du angerichtet hast!« Er brauchte anschließend mehrere Monate, um sich emotional vom Verlust seiner Schriftstücke zu erholen. Zum Glück hielt Newton dieser Rückschlag nicht von seinen Studien ab und er bemühte sich, die verlorenen Informationen wieder zusammenzustückeln. 1687 veröffentlichte er sein wichtigstes Werk »Philosophiae Naturalis Principia Mathematica« (»Mathematische Prinzipien der Naturlehre«), in dem er seine drei Gesetze der Bewegungslehre beschrieb – bahnbrechende Theorien, die nur von Einstein übertroffen werden sollten. Die Tatsache, dass keines seiner Gesetze einen Bezug zu Hunden hat, zeigt vielleicht, dass er Diamonds den Fauxpas doch noch nicht ganz verziehen hatte.

Nr. 46

PECAS

DER DROGENBARON, DER ZUM SUPER-SCHNÜFFLER WURDE

Auf nach Kolumbien und zum putzigsten Ex-Drogenbaron, für den je ein Bällchen geworfen wurde! 2014 fahndete das Rauschgiftdezernat der Polizei von Bogota nach einer berüchtigten neunköpfigen Drogenschmuggler-Gang. Nach einem erfolgreichen Zugriff und mehreren Verhaftungen stieß die Polizei auf eine riesige Menge an Rauschmitteln und noch auf etwas anderes, Unerwartetes. Hier kommt der aufgeregte und herzerwärmend freundliche Beagle-Mix mit seinen langen Schlappohren und dem gepunkteten, Dalmatiner-ähnlichen Fell ins Spiel, der als Pecas bekannt ist, oder »Sommersprossen« auf Deutsch. Er war darauf trainiert, seinen Besitzer, den vermeint-

lichen Schmuggler, zu beschützen, indem er ihn vor verdächtigen Aktivitäten warnen und so dafür sorgen sollte, dass er dem Gesetz einen Schritt voraus ist.

Ohne ein Zuhause und ohne sein Herrchen war Pecas zunächst aufgeschmissen, aber die Polizei von Bogota hatte eine brillante Idee. Sie meldete Pecas bei der Polizeiakademie an und machte ihn auf der üppig begrünten Anlage außerhalb der Stadt mit den anderen Hundekadetten bekannt. Er liebte sein neues Zuhause und seine Hundeführer konnten ihn darauf trainieren, seine unglaublich gute Spürnase für heldenhafte Such- und Rettungsmissionen einzusetzen. Alter Hund, neue Tricks.

Nr. 47

CHECKERS

NIXONS ERSTER POLITISCHER SKANDAL

Vor dem Watergate-Skandal, der Präsident Nixon zum Rücktritt zwang, musste sich das Staatsoberhaupt schon einmal aus der Affäre ziehen. In der Anfangszeit seiner Karriere bedrohte die Anschuldigung, er würde zwielichtige Geschäfte betreiben, seine Wahl zum Vizepräsidenten, woraufhin er in einer landesweiten Ansprache über den Äther versuchte, seinen Namen rein zu waschen. Doch was lag dem vermeintlichen politischen Fehlverhalten zugrunde? Ein kleiner Cocker Spaniel namens Checkers.

Während seiner ersten Wahlkampagne versprach Nixon, der zu dieser Zeit ein kalifornischer Senator war, politische Korruption auszumerzen – quasi »den Sumpf trockenzulegen«, könnte man sagen. Doch Nixon hatte seine eigenen wohlhabenden Unterstützer und es war ein Vermögen zusammengekommen, was von seinen Gegnern kritisch betrachtet wurde. Die Finanzierung an sich war nicht illegal, aber Nixons Ausgaben schienen zweifelhafter Natur zu sein. Im September 1952 bekam auch die Presse Wind von der Geschichte, weshalb Nixons Reputation in großer Gefahr war. Da er bis zur Wahl nur noch wenige Wochen Zeit hatte, organisierte er weitere 75.000 $ für einen 30-minütigen Auftritt in Radio und Fernsehen, um seine Sicht auf die Geschichte zu erzählen. Mehr als 60 Millionen Amerikaner schalteten ihre Geräte ein und seine geniale Rede – rhetorisch geschickt, verständnisvoll und emotional – sicherte ihm die Vizepräsidentschaft.

Indem er seine finanzielle Lage offenlegte, machte Nixon seine überraschend bescheidene Lebenssituation glaubhaft und zerstreute die Idee, dass alle Politiker aus wohlhabendem Hause stammen. Aber es gab eine Sache, bei der er sich weigerte, sie zurückzugeben. Während er direkt in die Kamera blickte, sagte Nixon: »Wir haben etwas bekommen – ein Geschenk – nach der Wahl. Ein Mann in Texas hat gehört wie Pat (Nixons Frau) im Radio erwähnt hat, dass unsere zwei Kinder gerne einen Hund hätten.« Er fuhr fort damit zu beschreiben, wie ein kleiner Terrier zu Nixons Haus in Baltimore geschickt worden war »und unser kleines Mädchen – Tricia, die sechsjährige – hat ihn Checkers genannt. Und Sie wissen schon, die Kinder, so wie alle Kinder, lieben den Hund und ich möchte eines jetzt klarstellen, nämlich dass, egal was darüber gesagt wird, wir ihn behalten werden.« Und mit dieser Hundeanekdote gewann Nixon die Herzen seiner Landsleute. Auch wenn Checkers nie wirklich in Gefahr war, war Nixons Beliebtheit wiederhergestellt und er ging in diesem November als Wahlsieger hervor.

Checkers starb 1964, vier Jahre bevor Nixon Präsident wurde, und konnte sein Geschäft deshalb nie mit dem Irish Setter der Familie, dem kleinen Yorkie, und dem Pudel im Garten des Weißen Hauses verrichten. Sein Erbe ist jedoch großartig – nicht nur durch Nixons emotionalen Erguss (ähnliche politische Manöver werden heute als »Checkers Speech« bezeichnet), sondern dadurch, wie er Anklang bei der Öffentlichkeit fand. Manchmal riskieren wir eben alles für unsere Hunde.

Nr. 48

BOBBY

EINE FAST WAHRE GESCHICHTE

Auf in das Edinburgh, Schottland, der späten 1850er, wo sich die herzzerreißende Geschichte eines kleinen Skye Terriers abgespielt hat, dessen selbstloser Akt der Treue zahlreiche Bücher, Filme und einige Edinburgh-Traditionen inspiriert und ihn dadurch zu einem der berühmtesten Hunde der Welt gemacht hat. Eines Nachts im Jahr 1858 fühlte sich Bobbys Besitzer John Gray, der auch »Auld Jock« genannt wurde, krank. Kurz darauf verstarb er an Tuberkulose. Der Legende zufolge wurde Bobby kurz nach Grays Begräbnis flach auf seinem Grab auf dem Greyfriar-Friedhof liegend aufgefunden. Dort hielt er 14 lange Jahr Totenwache, egal ob das Wetter schön war oder *dreich* (ein fantastisches schottisches Wort für »mieses Sauwetter«). Nur eine Mittagspause gönnte er sich jeden Tag, die durch den Gewehrschuss vom Edinburgh Castle um 13:00 Uhr angezeigt wurde. Bobby wurde zum inoffiziellen Maskottchen der Stadt, dem nach seinem Tod 1872 eine eigene kleine Bronzestatue auf der geschäftigen George IV.-Brücke gewidmet wurde (die Brücke ist ein Wahrzeichen). Doch genauso wie die Nase der Statue (die gerne von Besuchern gestreichelt wird, weil es Glück bringen soll) ist auch in Bobbys Geschichte nicht alles Gold, was glänzt. Viel wurde beschönigt, als eine Schriftstellerin, die Bobby bekannt machen wollte, die Stadt besuchte. Eleanor Stackhouse Atkinsons »Bobby – ein Hund, den man nicht vergisst« (1912) wurde zum Bestseller und ist heute das einflussreichste Werk über das bemerkenswerte Leben des kleinen Hundes.

Doch es gibt Skeptiker, die auf Unstimmigkeiten in Atkinsons Version der Geschehnisse hinweisen. Zum einen wäre da Auld Jocks Beruf, zum anderen der Vorwurf, dass es über die Jahre mehrere verschiedene Bobbys gegeben habe. Der Schottische Autor Gilbert Summers gibt zu bedenken, dass der »treue Hund, der auf sein totes Herrchen wartet« ein beliebtes »Motiv der Folklore« ist, und der verstorbene Historiker Farbes Macgregor veröffentlichte das Buch »Greyfriars Bobby: The Real Story at Last« (2002). Darin brachte er Berichte der Stadtbewohner ans Licht, die sich um Bobby gekümmert hatten. Der Hund war bekannt dafür, eine Mahlzeit und ein warmes Nachtlager dankbar anzunehmen. Wie auch immer man Bobbys Geschichte dreht und wendet: Es geht um einen kleinen, struppigen Hund, der sein Herrchen noch weit über dessen Tod hinaus liebte.

SKYE TERRIER

Nr. 49

STUBBY

DER AMERIKANISCHE KRIEGSHELD UND SERGEANT

Salutieren wir für Stubby, einen der berühmtesten Soldaten der US-Geschichte. Stubbys unermüdlicher Heldenmut während des Ersten Weltkriegs ist das Zeug, aus dem Legenden gemacht werden: Er alarmierte seine Kameraden bei Senfgasangriffen, fand und beruhigte verletzte Soldaten und hinderte sogar einen feindlichen Soldaten an der Flucht, indem er ihn am Hosenboden packte. Und er ließ sich von der Tatsache, dass er nur ein Boston Terrier war, nicht davon abhalten, seine Träume zu verwirklichen.

Stubby war das Maskottchen der 102. Infanterie, aber er war ganz klar so viel mehr als das. Soldaten in Ausbildung fanden ihn 1917, als er auf dem Gelände der Universität Yale in New Haven, Connecticut, herumstreunte. Stubby (man nannte ihn so, weil er klein und schwer gebaut war) freundete sich vor allem mit Unteroffizier James Robert Conroy an. Die beiden wurden unzertrennlich und als Conroy mit einem Truppenschiff Richtung Frankreich aufbrechen sollte, versteckte er Stubby in einem Kohleeimer. Stubby kuschelte sich in Conroys Mantel, als sie anlandeten, doch er wurde bald vom befehlshabenden Offizier entdeckt. Stubby salutierte artig, genauso wie es ihm Conroy in Yale beigebracht hatte. Der befehlsführende Offizier fand dies so niedlich, dass er es kaum aushalten konnte, und so begann Stubbys erster Militäreinsatz.

Stubbys Heldentaten auf dem Schlachtfeld sorgten zuhause für Schlagzeilen. Die Leser waren begeistert von seinen Aktivitäten und litten mit ihm, als er von einer Granate verletzt wurde. Zum Glück erholte er sich schnell und nachdem er einen deutschen Spion geschnappt hatte (indem er ihn in den Hintern biss und sich weigerte, loszulassen), wurde er in den Rang eines Sergeant erhoben. 18 Monate nach seiner Ankunft wurde Stubby wieder nach Hause geschmuggelt und kam als Nationalheld an. Schwer beladen mit Medaillen durfte er drei amtierende Präsidenten kennenlernen und war zweimal Ehrengast im Weißen Haus. Nicht schlecht für einen stämmigen Boston Terrier! Er hatte sogar eine Mitgliedschaft auf Lebenszeit beim amerikanischen Roten Kreuz und der YMCA (*Young Men's Christian Association*, also Christlicher Verein Junger Menschen), bis er im Jahr 1926 friedlich verstarb. Kompanie – ruht!

BOSTON
TERRIER

Nr. 50

BIERKA

UND DIE WAHRE GESCHICHTE DER PAWLOWSCHEN HUNDE

Viele von uns haben Stunden damit verbracht, das Verhalten unserer Hunde zu interpretieren. Was zur Hölle versuchen sie uns zu sagen? Was bedeutet dieser verärgerte Seitenblick? Und die Pfote, die auf unserem Fuß abgelegt wird? Und heißt dieser kokette »Wer? Ich?«-Gesichtsausdruck, dass man die Wohnung schleunigst nach einer neuen, hundegemachten Überraschung absuchen sollte? In anderen Worten versuchen wir ständig, unsere Hunde so zu lesen wie unsere Mitmenschen. Aber im frühen 20. Jahrhundert drehte der russische Physiologe Iwan Pawlow (1849 – 1939) den Spieß um und bewies – bewaffnet mit einem Buzzer, einer Futterschüssel, einem Mischling und einer großen Leidenschaft für Hundesabber –, dass wir Menschen uns tatsächlich sehr ähnlich verhalten wie unsere Hunde.

Für das Experiment benötigte er – wunderbar einfach – einen Buzzer, ein wenig leckeres Futter und irgendeinen hungrigen Hund. Wieder und wieder betätigte Pawlow den Buzzer, bevor er den Hund fütterte und bemerkte, dass dem Hund beim Geräusch davon schnell der Speichel im Maul zusammenlief, da er wusste, dass er nun gefüttert werden würde. Pawlow schlussfolgerte daraus, dass der Hund das Geräusch mit dem Futter in Verbindung brachte, wodurch der Grundstein für die klassische Konditionierung und das assoziative Lernen gelegt wurde.

Pawlows Ergebnisse waren bahnbrechend und bildeten die Basis für viele zeitgenössische Theorien der Psychologie und Therapie sowie für weitere wissenschaftliche Studien. Pawlow gewann im Jahr 1904 sogar einen Nobelpreis für seine Mühen

und seine Arbeiten fanden schnell in der Bevölkerung Verbreitung, wodurch sein Bekanntheitsgrad stieg. Aber wie so oft bei wissenschaftlichen Durchbrüchen, die sich auf die Brillanz von Tieren stützen, gab es nur wenige, die sich für die Identität der beteiligten Hunde interessierten.

Wir können dem amerikanischen Neurobiologen Tim Tully dafür danken, dass er die Namen der pawlowschen Hunde rekonstruiert hat. In den frühen 1990ern reiste Tully nach Russland, um zwei Dinge zu tun: am Pawlow-Institut in Koltushi zu lehren und die Namen der pawlowschen Hunde herauszufinden, was ihm bei seinem eigenen wunderlichen Projekt helfen sollte. Er wollte nämlich seine Fruchtfliegen-bezogenen Gene nach Pawlows Hunden benennen (scheinbar verwenden Drosophologen wie Tully gerne interessante oder bedeutsame Namen für neue Entdeckungen) – aber wo sollte er beginnen? Nach anfänglichen Schwierigkeiten fand er sich gegen Ende seines Aufenthalts in der alten Wohnung des Wissenschaftlers wieder, die als eine Art Museum verwendet wurde. Und mit der Hilfe eines Guides nahm bald die ganze Geschichte Gestalt an.

Eines ist sicher, Pawlow benutzte sehr viele Hunde. Tully erinnerte sich daran, wie ihm zur Zeit der Experimente aufgenommene Fotos des Rudels gezeigt wurden, auf denen mehr als 40 Exemplare zu sehen waren. Es gab Bierka (wahrscheinlich die bekannteste Hündin), Arleekin (»Clown«) und Barbus (»Großer Hund«), außerdem Murashka (»Süßes kleines Ding«).

Pawlows Theorie stellte sich als Ergebnis eines glücklichen Zufalls heraus. Eher skeptisch gegenüber dem neuen Feld der Psychologie hatte sich Pawlow stattdessen vorgenommen, den Speichelfluss der Hunde zu messen. Doch statt dass sie, wie erwartet, zu sabbern anfingen, wenn ihr Futter vor ihnen abgestellt wurde, sah Pawlow, dass sie schon auf das Geräusch der Schritte seiner Assistenten reagierten, wenn sie mit dem Futter den Flur entlangliefen. Pawlow ersetzte die Laufgeräusche daraufhin mit einem Buzzer und seine Entdeckung kristallisierte sich heraus.

1924 ereignete sich ein eher unglücklicher Zufall, der Pawlows Forschung mit noch mehr Daten unterfütterte. Während einer Flut wurde sein Labor in Petrograd teilweise geflutet und viele der Hunde waren stundenlang beinahe unter Wasser gefangen, bis sie gerettet werden konnten. Aufgrund des guten Vertrauensverhältnisses konnten Pawlows Assistenten die Hunde retten, doch dafür mussten sie sie kurzzeitig untertauchten. Es muss schrecklich für die Hunde gewesen sein und als das Labor wieder öffnete, bemerkte Pawlow etwas Verblüffendes: Die Hunde sabberten nicht länger, wenn die Assistenten herannahten, und waren auch nicht mehr aufgeregt. Der Stress hatte ihre Konditionierung komplett gebrochen.

Pawlows Forschung beschäftigt uns noch heute – nicht nur sein Einblick in Hundesabber und klassische Konditionierung, sondern auch die Fragestellungen, die sie im Hinblick auf unser komplexes Verhältnis zu Tieren aus ethischer Sicht aufwirft. In »The Kingdom of Dogs: Unterstanding Pavlov's experiments as human-animal relationships« (»Das Königreich der Hunde: Von den pawlowschen Experimenten und der Beziehung zwischen Mensch und Tier«) betrachtet der Dozent der Universität Brighton, Matthew Adams, Pawlows Experimente mit einem kritischen Blick. Wieso lösen wir unseren Fokus nicht einmal von den Ergebnissen und schauen uns näher an, was es über uns als Menschen aussagt, Experimente wie die von Pawlow durchzuführen? Andere Autoren, wie Pawlows Biograf Daniel P. Todes, gehen auf die berüchtigten Wutausbrüche des Forschers ein und darauf, wie gerne wir – zum Beispiel mit der offiziellen Geschichte der »glücklichen Zufälle« – vergessen, dass die Hunde in seinen Studien mehr als abgrundtief entsetzlich behandelt wurden. Durch Pawlows Arbeit und unser eigenes Zusammenleben mit Hunden ist eines klar: Die Vierbeiner bringen uns unglaublich viel Zuneigung entgegen und unerschütterliches Vertrauen, sie sind anfällig für Stress und würden trotzdem fast alles für uns tun. Vielleicht, wenn wir sie überhaupt lesen können, versuchen sie uns genau das mit ihrem Verhalten zu sagen.

ÜBER DAN JONES

Dan Jones ist Bestsellerautor und Hundeliebhaber. Er lebt in London und schreibt am liebsten über Schnaps, Pflege, Stil, queere Themen, Prinzessin Diana und darüber, warum Hunde so toll sind.

DANKSAGUNG

Danke schön an Louise, Sophie, Jackie und Lindsey, Pip und Jacob, Meghan, Zee, Hannah, Lottie, Gina, Issy, Toby, Cate, Kate P., meinen Partner, Tom, und alle, die das Glück hatten, sich um meinen Hund Gary kümmern zu dürfen.

Danke auch an Kate Pollard und Matt Tomlinson von Welbeck, Grafikleitung Evi O. und ihr Studio-Team aus Hundeliebhabern.

Und natürlich vielen Dank an den kleinen Mann selbst, den bravsten Jungen von allen: meinen Border Terrier Gary.

IKEA
IKEA
IKEA
IKEA
IKEA
IKEA

IKEA
IKEA
IKEA
IKEA
IKEA
IKEA
IKEA
IKEA

Ein Imprint der Verlagsgruppe Droemer Knaur GmbH & Co. KG, München

Text: Dan Jones
Layout: Evi O. Studio, Susan Le & Kait Polkinghorne
Illustrationen: Evi O. Studio, Kait Polkinghorne
Übersetzung und Lektorat: Katharina Hepp, Pattloch Verlag
Satz: Christina Krutz, Biebesheim am Rhein
Gesamtherstellung: Drukarnia Dimograf Sp. z o.o., Bielsko Biała

Zuerst erschienen in englischer Sprache unter dem Titel
»Dogs Who Changed the World – 50 dogs who altered history, inspired literature…
or ruined everything« im Welbeck-Verlag, London.

ISBN 978-3-629-01247-0

www.pattloch.de

2 4 5 3 1

MIX
Papier | Fördert gute Waldnutzung
FSC® C018236